DEUTSCHE AKADEMIE DER WISSENSCHAFTEN ZU BERLIN

Veröffentlichungen der Sternwarte in Sonneberg

Band 3
Heft 3

C. HOFFMEISTER

I
Über das Verhalten von drei typischen und sechs atypischen RW Aurigae-Sternen

II
Bearbeitung des Lichtwechsels von 10 südlichen veränderlichen Sternen

(Ergebnisse der Beobachtungen in Südwestafrika 1952—53;
Sechste und Siebente Mitteilung)

Akademie-Verlag GmbH · Berlin 1958

C. Hoffmeister

I

Über das Verhalten von drei typischen und sechs atypischen RW Aurigae-Sternen

II

Bearbeitung des Lichtwechsels von 10 südlichen veränderlichen Sternen

Veröffentlichungen der Sternwarte in Sonneberg · Band 3 Heft 3

DEUTSCHE AKADEMIE DER WISSENSCHAFTEN ZU BERLIN

Veröffentlichungen der Sternwarte in Sonneberg

Band 3

Heft 3

C. HOFFMEISTER

I

Über das Verhalten von drei typischen und sechs atypischen RW Aurigae-Sternen

II

Bearbeitung des Lichtwechsels von 10 südlichen veränderlichen Sternen

(Ergebnisse der Beobachtungen in Südwestafrika 1952—53;
Sechste und Siebente Mitteilung)

Akademie-Verlag GmbH · Berlin 1958

Erschienen im Akademie-Verlag GmbH, Berlin W 8, Mohrenstraße 39
Lizenz-Nr. 202 · 100/492/58
Gesamtherstellung: VEB Druckerei „Thomas Müntzer" Bad Langensalza
Bestell- und Verlagsnummer: 2006/III/3
Preis: 17,— DM
Printed in Germany

I

Über das Verhalten von drei typischen und sechs atypischen RW Aurigae-Sternen

Vorliegende Mitteilung ist die Fortsetzung der als Band 3 Nr. 1 erschienenen „Bearbeitung des Lichtwechsels von 75 kurzperiodischen veränderlichen Sternen zwischen 25° und 90° südlicher Deklination". Wie in der Einleitung zu dieser Arbeit ausgeführt, war der eigentliche Ausgangspunkt der Beobachtung südlicher Veränderlicher die Absicht, einige Sterne des RW Aurigae-Typus so dicht wie möglich zu beobachten, wozu das günstige Klima von Südwestafrika eine ausgezeichnete Gelegenheit bot. Diese Mitteilung befaßt sich mit den Sternen, die von Anbeginn auf dem Programm standen, und mit einigen Fällen ähnlichen Lichtwechsels, die nachträglich hinzugenommen wurden. Bei einigen wurde ihr Typus erst im Laufe der Beobachtungen erkannt.

Die Frage, ob diejenigen Sterne, die wir heute als RW Aurigae-Sterne oder auch als RW Aurigae-ähnliche Sterne bezeichnen, eine physikalisch einheitliche Gruppe bilden, soll hier zunächst außer Acht gelassen werden. Wir definieren den RW Aurigae-Stern rein photometrisch als einen Veränderlichen mit raschem, im wesentlichen unperiodischem Lichtwechsel und relativ großer Amplitude, etwa 1 bis 3 Größenklassen, einen RW Aurigae-ähnlichen Stern als einen Veränderlichen, dem ein Kennzeichen des reinen Typus fehlt, sei es, daß der Lichtwechsel erheblich langsamer ist als im Regelfall, daß die Amplitude klein ist oder daß die Form der Lichtkurve nicht der des Normalfalls entspricht. Diese rein photometrische Definition ist erzwungen dadurch, daß wir über die spektralen Eigenschaften und sonstigen Zustandsgrößen der RW Aurigae-Sterne sehr wenig wissen. Ursache ist ihre geringe absolute Helligkeit. Die im Jahre 1948 von H. SCHNELLER aufgestellte Einteilung kann daher auch jetzt noch beibehalten werden (Geschichte und Literatur des Lichtwechsels der veränderlichen Sterne. Zweite Ausgabe. Dritter Band. S. VIII—IX. Berlin 1952). Danach werden 3 Unterklassen unterschieden:

1. RR Tauri-Sterne als die typischen RW Aurigae-Sterne.
2. Y Leporis-Sterne, die oben als RW Aurigae-ähnlich beschriebene Variante. Die Frage, ob Y Lep als Prototyp geeignet ist, bleibt offen.
3. BO Cephei-Sterne, auch Algol-ähnliche Sterne genannt; das sind Veränderliche, die von einem nahe dem Maximum liegenden Normallicht aus algolartige aperiodische Schwächungen, seltener geringe Erhellungen zeigen.

Zwischen den Untergruppen 1 und 2 besteht ein fließender Übergang. Die physische Zugehörigkeit der Gruppe 3 kann dagegen nicht als erwiesen gelten, obgleich einiges dafür spricht. Die in neuerer Zeit vielfach angewandte Bezeichnung T Tauri-Sterne für Veränderliche der Gruppen 1 und 2 vermeidet SCHNELLER bewußt, weil JOY darunter nur die RW Aurigae-Sterne mit bestimmten spektralen Eigenschaften zusammenfaßt. Überdies ist T Tauri, obgleich sicher zugehörig, wegen des Überwiegens langsamer Lichtänderungen photometrisch kein typischer Vertreter der Klasse.

Vor einigen Jahren habe ich versucht, einige Ordnung in das undurchsichtige Gewirr der Hauptreihen-Veränderlichen zu bringen (Die RW Aurigae-Sterne und ihre Nebenformen. Astr. Nachr. 278.24, 1949). Die Arbeit stützte sich im wesentlichen auf die Erfahrungen bei der Durchführung des „Felderplanes zur Statistik der veränderlichen Sterne". Auch die Klassifikation SCHNELLERS ist durch diese

Erfahrungen beeinflußt. Alle derartigen Versuche leiden außer am Fehlen spektraler Beobachtungen noch an der oft sehr ungenügenden Kenntnis des photometrischen Verhaltens typischer Objekte. So konnte es nicht vermieden werden, daß in jene Betrachtung mehrere Sterne einbezogen wurden, die nicht zugehören. In einigen Fällen ist dies inzwischen aufgeklärt worden. Ich nenne RT TrA (dieser Band S. 54), Z Mic (ebenda S. 70) und V 553 Cen (ebenda S. 422). Jeder dieser Sterne weist Besonderheiten auf, die die Erkennung seiner wahren Zugehörigkeit erschwerten. Bei Z Mic waren es Unregelmäßigkeiten der Lichtkurve (Astr. Nachr. 282.258, 1956), bei RT TrA und V 553 Cen Widersprüche zwischen Farbe bzw. Spektrum und Art des Lichtwechsels (ApJ 125. 824, 1957).

Seit der Aufstellung der oben genannten Klassifikation sind einige neue Erkenntnisse auf dem Gebiete der Hauptreihen-Veränderlichen gewonnen worden, ohne daß man jetzt schon in der Lage wäre, abzuschätzen, ob eine Erweiterung der Klassifikation nötig ist oder nicht. So ist es zweifelhaft, ob die dMe-Sterne und die „Nebel-Veränderlichen" in das Schema passen. Nach den Erfahrungen, die u. a. auf der Sternwarte Sonneberg gewonnen worden sind, von W. Götz an einer Reihe von dK- und dM-Veränderlichen in Taurus, worüber kurze vorläufige Mitteilungen erschienen sind („Die Sterne" 31.73, 1955; Mitt. Veränderl. St. 192, 1955), und von W. Wenzel an den Nebel-Veränderlichen bei NGC 2264 in Monoceros („Die Sterne" 31.198, 1955; Mitt. Veränderl. St. 190, 193, 212), besteht zunächst kein Anlaß, die Klassifizierung zu erweitern. Die Gruppe 2 (Y Lep-Sterne, abgekürzt RWs, s = similis) nimmt diese Objekte auf. Die Bezeichnung RWs dürfte vorzuziehen sein, da Y Lep schon wieder zu speziell eine Untergruppe mit relativ langsamem Lichtwechsel kennzeichnet. Man möchte jedenfalls ein Objekt wie AK Sco nicht als Y Lep-Stern klassifizieren. Auch darf man vorerst keinen Anstoß daran nehmen, daß Objekte sehr verschiedenen Spektraltypus' in einer Gruppe vereinigt werden. Aber das ist sogar bei der Gruppe 1 unvermeidlich, worauf auch Schneller hinweist.

Auf der anderen Seite ist ein Stern, der bisher eindeutig als RW- oder RWs-Veränderlicher klassifiziert werden mußte, sehr wahrscheinlich als Postnova erkannt worden, V Sge, ebenso vielleicht auch EM Cyg, den man bisher als sui generis angesehen hatte (vgl. Schneller a. a. O. S. VI). Wenn man nur nach photometrischen Kriterien entscheidet, werden nahezu alle Postnovae unter die RWs-Gruppe einzuordnen sein. Ob dies physikalisch sinnvoll ist, kann man gegenwärtig unmöglich entscheiden. Da man vorerst nur die Möglichkeit hat, photometrisch zu klassifizieren, empfiehlt es sich nicht, viele Untergruppen aufzustellen, zumal bei einer Klasse von Objekten, die in jeder Beziehung eine so große Variationsbreite mit fließenden Übergängen aufweisen wie die RW Aurigae-Sterne.

Diese Ausführungen lassen erkennen, wie sehr erwünscht es war, genaueren Aufschluß zu gewinnen über das Verhalten einzelner typischer und atypischer RW Aurigae-Sterne. Daher wollte ich meinen Aufenthalt in Südwestafrika auf jeden Fall für diese Zwecke ausnutzen. Zur lückenlosen Darstellung der Lichtkurve eines raschwechselnden Veränderlichen genügen selbstverständlich nicht die Beobachtungen an einem Ort. Man müßte, auch um das Wetterrisiko nach Möglichkeit einzuschränken, eine Reihe von Beobachtern auf einem Gürtel geeigneter geographischer Breite rings um die Erde verteilen. Mein Plan war, in Südafrika, Südamerika, im Stillen Ozean, auf Neuseeland und in Australien beobachten zu lassen. Aus mancherlei Gründen konnte er nicht in vollem Umfang verwirklicht werden. Insbesondere gelang es nicht, geeignete Beobachter in Südamerika zu finden. Dieser Mangel wurde ausgeglichen durch die wirksame Hilfe, die mir seitens der Variable Star Section der Royal New Zealand Astronomical Society geleistet wurde. Dem Leiter der Section, Mr. F. M. BATESON auf Rarotonga, Cook Islands, South Pacific, schulde ich ganz besonderen Dank, ebenso den Beobachtern, die im folgenden genannt sind:

Beobachter	Ort	Länge	Breite
F. M. BATESON	Avatiu, Rarotonga, Cook Islands	159° 47′ W	−21° 12′
A. F. JONES	Timaru, New Zealand	171 19 W	−44 21
D. A. PHILPOTT	Okuku, New Zealand	172 27 W	−43 15
S. C. VENTER	Pretoria, Union of South Africa	28 13 E	−25 43

Hinsichtlich der Anzahl der Beobachtungen steht Mr. JONES weitaus an der Spitze. Als besonders günstig für die Untersuchung erwies sich der Umstand, daß das Wetter auf Neuseeland viel besser war als ich bei der Planung angenommen hatte. So ist es möglich gewesen, für eine Reihe von Neumondperioden praktisch lückenlose Lichtkurven mehrerer Sterne über jeweils 10 bis 20 Tage hinweg zu erhalten. Dank dieser Umstände und des Fleißes der Beobachter ist die Unternehmung ein voller Erfolg geworden.

Es schien zweckmäßig, die Einzelwerte der Helligkeiten zu veröffentlichen, und zwar deshalb, weil über das Verhalten der RW Aurigae-Sterne noch wenig bekannt ist, insbesondere weil noch kaum Ansätze für eine Theorie der Entstehung ihres Lichtwechsels vorhanden sind. Es muß daher mit der Möglichkeit gerechnet werden, daß die Beobachtungen auch noch unter anderen Gesichtspunkten ausgewertet werden müssen als es hier geschehen ist.

Es folgt eine Übersicht der Sterne mit der Anzahl der Beobachtungen. Meine eigenen Beobachtungen erstrecken sich vom 7. August 1952 bis zum 15. Juli 1953, 243 4232 bis 4573. Die Tabelle läßt erkennen, wieviele der Fremdbeobachtungen für jeden Stern auf diesen Zeitabschnitt entfallen.

Stern	Beobachtungen HOFFMEISTER vis.	Beobachtungen HOFFMEISTER phg.	Beobachtungen (visuell) JONES	PHILPOTT	BATESON	VENTER	bis 4573	nach 4573	Beobachtungen insgesamt
T Cha	627	53	1069	57	5	11	372	770	1822
RU Lup	308	147	327	20	7	—	181	173	809
RY Lup	284	120	323	24	10	11	192	176	772
AK Sco	303	92	247	59	4	18	182	146	723
V 350 Ori	80	—	—	—	—	—	—	—	80
Y Lep	195	47	276	115	11	19	261	160	663
S 4799 Phe	371	97	—	—	—	—	—	—	468
S 4800 Phe	296	97	—	—	—	—	—	—	393
S 4801 Phe	216	64	—	—	—	—	—	—	280
	2680	717	2242	275	37	59	1188	1425	6010

Instrumente: HOFFMEISTER Refr. 130 mm
JONES Refr. 5½″, Refl. 8″ und 12½″
PHILPOTT Refr. 2¾″, Refl. 6″
BATESON Refr. 3½″ und 8″
VENTER Refr. 2¾″, Refl. 12″

T Chamaeleontis

(Tafeln 1 bis 11)

Der Stern T Cha ist bei weitem der aktivste unter allen gegenwärtig am Südhimmel bekannten RW Aurigae-Sternen. Mit seiner großen Amplitude und seinem raschen Lichtwechsel könnte er sehr gut als Prototyp der ersten Untergruppe dieser Sterne angenommen werden. Die Veränderlichkeit wurde 1916 von Leavitt auf Harvard-Platten entdeckt, die RW Aurigae-Art vom Verfasser erkannt (Kl. Veröffentl. Bln.-Babelsberg 27.24, 1943). Der Stern stand vom Beginn an auf dem Programm und wurde wegen seiner Eigenschaften etwas bevorzugt. Da er an allen Stationen zirkumpolar ist, weisen die Beobachtungen keine wesentlichen jahreszeitlichen Lücken auf. So war es möglich, für 9 Neumondperioden 1952—53 fast lückenlose Lichtkurven zu zeichnen; für 3 weitere Neumondperioden innerhalb diesen Abschnitts, die in die südwestafrikanische Regenzeit fallen, sind die Kurven zwar lückenhaft, geben den Charakter des Lichtwechsels aber immer noch hinreichend gut wieder (Tafeln 1 bis 3). Nachdem der Verfasser Afrika verlassen hatte, haben die Beobachter in Neuseeland die Arbeit fortgesetzt. Ihre Werte erlauben meist nicht, geschlossene Lichtkurven zu zeichnen, werden aber trotzdem im selben Maßstab dargestellt, wie die vorausgegangenen, da, nachdem während der einjährigen dichten Überwachung des Sterns seine Eigenschaften gut erkannt waren, die Untersuchung seines Verhaltens über mehrere Jahre von besonderem Interesse war und die Beobachtungen immerhin so dicht liegen, daß das Grundsätzliche des Verhaltens daraus abgelesen werden kann (Tafeln 4 bis 11).

Bei einer summarischen Betrachtung der 11 Tafeln fallen sofort 3 Grundformen des Lichtwechsels auf:

1. Kurvenstücke, die den Eindruck völliger Regellosigkeit machen, oft mit großer Amplitude des Lichtwechsels, z. B. 4295 bis 4307, Tafel 1.
2. Quasiperiodische Wellen von mehrtägiger Länge, z. B. 4260 bis 4283, Tafel 1, 4557 bis 4570, Tafel 3, 5205 bis 5241, Tafel 9.
3. Stillstände oder Abschnitte stark verminderten Lichtwechsels, z. B. 4241 bis 4249, Tafel 1, und 4743 bis 4857, Tafeln 5 und 6.

Die Formen 1 und 2 lösen einander jedoch nicht ab, sondern treten in Überlagerung auf, indem zeitweise die eine, zeitweise die andere amplitudenmäßig überwiegt. Ferner zeigt der Lichtwechsel Abschnitte, die im Charakter völlig mit dieser Kennzeichnung übereinstimmen mit dem Unterschied, daß die Amplitude allgemein verkleinert ist. Als Beispiele mögen gelten: 4320 bis 4332, 4352 bis 4376, 4410 bis 4423, sowie mehrere Teilreihen der späteren Zeit.

Bei der Bearbeitung der Wellen ergab sich überraschenderweise, daß es möglich ist, den größten Teil der Maxima durch instantane Perioden mit guter Genauigkeit darzustellen. Die Bearbeitung ging so vor sich, daß abschnittweise die deutlich ausgeprägten Maxima aus den Kurvendarstellungen der Tafeln 1 bis 3 abgelesen und die Perioden der einzelnen Abschnitte bestimmt wurden. Die für die Zeit von 4359 bis 4559 erhaltenen Werte unterschieden sich dabei so wenig, daß die gemeinsame Behandlung versucht wurde.

System I. $M = 243\,4251.3 + 3.4375 \cdot E$

Max.	E	$B-R$
243 4251.4	0	+0.1
4261.8	3	+0.2
4264.9	4	−0.1
4268.3	5	−0.2
4271.7	6	−0.2
4275.3	7	−0.1
4278.8	8	0.0
4282.6	9	+0.4

System II. $M = 243\,4325.1 + 4.1800 \cdot E$

Max.	E	$B-R$
243 4325.1	0	0.0
4329.3	1	0.0
4333.0	2	−0.5
4337.2	3	−0.4
4342.3	4	+0.5
4346.2	5	+0.2

System III. $M = 243\,4359.0 + 3.2323 \cdot E$

Max.	E	$B-R$
243 4359.0	0	0.0
4362.1	1	−0.1
4365.3	2	−0.2
4371.5	4	−0.4
4385.4	8	+0.5
4391.3	10	0.0
4395.2	11	+0.6
4401.0	13	0.0
4404.8	14	+0.5
4471.7	35	−0.4
4475.5	36	+0.1
4478.3	37	−0.3
4484.9	39	−0.2
4487.8	40	−0.5
4491.2	41	−0.3
4501.6	44	+0.4
4507.3	46	−0.4
4513.7	48	−0.5
4521.1	50	+0.5
4533.5	54	0.0
4536.7	55	−0.1
4540.3	56	+0.3
4543.3	57	+0.1
4546.8	58	+0.3
4550.4	59	+0.7
4559.0	62	−0.4

Danach läßt sich der Lichtwechsel in den 12 Beobachtungsabschnitten (Neumondszeiten) wie folgt beschreiben:

Abschnitt 1. Im wesentlichen unregelmäßig, Stillstand bei 11^m, Max. 4251 paßt zu System I.

Abschnitt 2. System I wirksam; die ersten 4 Max. passen auch zu System III, nicht aber die folgenden, die den längeren Periodenwert I fordern; in der zweiten Hälfte starke regellose Schwankungen.

Abschnitt 3. Regellos; Periodizität kaum angedeutet.

Abschnitt 4. Maxima durch System II darstellbar, jedoch kleine Amplitude; Realität der Periode II nicht völlig gesichert.

Abschnitt 5. Zunehmende Regelmäßigkeit, gesicherte Maxima passen gut zu System III.

Abschnitt 6. Starke Unregelmäßigkeiten, jedoch dem System III nicht widersprechend.

Abschnitt 7. Anfangs sehr geringer Lichtwechsel um $12^m.7$, dann offenbar in Phase mit System III; Kurve unvollständig.

Abschnitt 8. Unvollständig, unregelmäßig, gegen Ende anscheinend dem System III entsprechend.

Abschnitt 9. Große Amplitude, Maximum E 38 bei 4482 ausgefallen, alle anderen entsprechen sehr gut System III.

Abschnitt 10. Ähnlich Abschnitt 9, bemerkenswert der Wechsel hoher und flacher Maxima: hoch E 44, 46, 48, 50, flach 45, 47, 49, 51; das im vorausgegangenen Abschnitt ausgefallene Maximum hätte also nach dieser Zählung ein hohes sein sollen. Zuletzt abnehmende Amplitude.

Abschnitt 11. Verminderte Amplitude, zunehmende Regellosigkeit, doch ist System III noch wirksam.

Abschnitt 12. Von den 4 Maxima genügt nur das erste dem System III; die folgenden 3 Zyklen verlangen eine Periode von $4^d.8$. Der Übergang erfolgt augenscheinlich unvermittelt; man könnte aber eine Interferenz beider Schwingungen vermuten, worauf vor allem der Doppelgipfel des Maximums bei 4573 hinzudeuten scheint.

Die nach Abschluß meiner Reihe bis 1955 fortgesetzten Beobachtungen in Neuseeland erlauben keine in die Einzelheiten gehende Analyse des Lichtwechsels, lassen aber das grundsätzliche Verhalten des Sterns immerhin erkennen. Die Periodizität ist auch weiterhin wirksam, wenngleich anscheinend seltener als vordem. Zum Teil mag dies dadurch verursacht sein, daß bei kleiner Amplitude und häufigeren Beobachtungslücken die Wellen nicht mehr deutlich genug hervortreten. Von 5205 bis 5228 scheint eine Periode von $3^d.1$ zu bestehen.

Stillstände oder Zeiten sehr geringen Lichtwechsels sind wie folgt beobachtet:

Mitte	Dauer	Größe
243 4245	8^d	$11^m.0$
4800	120	10.6
5012	15	12.6
5036	12	12.8

Die Gesamtdauer der Stillstände beträgt demnach etwa 15% der Beobachtungszeit. Der Stern scheint zwei Ruhehelligkeiten zu bevorzugen, $\sim 10^m.8$ und $\sim 12^m.7$. Dieser Effekt ist auch bei anderen RW Aurigae-Sternen beobachtet. Die größere Ruhehelligkeit liegt wenig unter dem Maximallicht und kann praktisch als mit diesem identisch angesehen werden; der andere Wert liegt um etwa $0\overset{m}{.}5$ über Minimalhelligkeit, wobei zu beachten ist, daß letztere nur recht selten erreicht wird.

Die Gesamtamplitude kann, wenn man Rücksicht auf die Streuung der Beobachtungen nimmt, mit $10\overset{m}{.}5$ bis $13\overset{m}{.}8$ visuell angenommen werden.

RU Lupi

(Tafeln 12 und 13)

Die Veränderlichkeit wurde 1916 von CANNON auf Harvard-Platten auf Grund der Besonderheiten des Spektrums entdeckt, der Lichtwechsel als wahrscheinlich unregelmäßig bezeichnet. Die Eigenschaft als RW Aurigae-Stern wurde vom Verfasser nach den photographischen Beobachtungen von 1937—38 erkannt (Kl. Veröffentl. Bln.-Babelsberg 27.32, 1943). Die visuelle Reihe 1952—53 bestätigt das frühere Ergebnis, doch verhielt sich der Stern etwas anders als a. a. O. beschrieben. Die Amplitude war kleiner, $9\overset{m}{.}6$ bis $10\overset{m}{.}7$ visuell, und entsprach damit derjenigen der Einzelwellen von 1937—38; es fehlte die damals beobachtete überlagerte Schwingung, deren Periode zu $\sim 270^d$ bestimmt wurde und die wesentlich zur Vergrößerung der Amplitude beigetragen hatte. Der Stern ist außerordentlich unruhig; längere Stillstände fehlen, einige kurze Abschnitte (4234 bis 4240; 4518 bis 4525) können als solche angesehen werden. Die weniger vollständigen Beobachtungen nach 4573 bestätigen dieses Ergebnis. Die kurzen Stillstände scheinen die Helligkeit um $10\overset{m}{.}0$ zu bevorzugen.

Wie bei T Cha zeigt der Lichtwechsel auch hier periodische Bestandteile, doch sind sie von geringerer Bedeutung. Die folgenden beiden Systeme werden aufgewiesen:

System I. $M = 243\,4261.5 + 3.5457 \cdot E$

Max.	E	$B-R$
243 4261.6	0	+0.1
4264.9	1	−0.1
4268.6	2	0.0
4272.2	3	+0.1
4275.8	4	+0.1
4293.0	9	−0.4
4300.8	11	+0.3
4307.6	13	0.0

System II. $M = 243\,4537.6 + 3.8375 \cdot E$

Max.	E	$B-R$
243 4537.6	0	0.0
4541.7	1	+0.3
4545.3	2	0.0
4549.0	3	−0.1
4560.5	6	−0.1
4564.5	7	0.0
4568.3	8	0.0

Die Perioden liegen also in demselben Bereich wie die bei T Cha gefundenen. Bemerkenswert ist, daß auch bei RU Lup die Verdopplung der Periode auftritt: von 4290 bis 4311. Das System II bricht bei 4568 unvermittelt ab, und es folgen Tage mit regellosem Lichtwechsel.

RY Lupi

(Tafeln 14 und 15)

Bei der Entdeckung von Woods auf Harvard-Platten im Jahre 1921 blieb die Art des Lichtwechsels unbestimmt. Vom Verfasser wurde der Stern, wie RU Lupi, der RW Aurigae-Klasse zugeordnet. Die Beschreibung nach den von 1935 bis 1938 reichenden photographischen Beobachtungen wird durch die neueren Reihen voll bestätigt.

Der Stern verhält sich wesentlich anders als T Cha und RU Lup. Kennzeichnend sind für ihn lange Stillstände bei einer Helligkeit, die wenig unter dem Maximum liegt. Nur zeitweilig treten die für RW Aurigae-Sterne typischen starken Schwankungen mit Amplituden bis zu 2^m auf. Erhebungen über das bei $9^m.8$ bis $10^m.0$ liegende „Normallicht" sind selten, spitze Minima von sehr verschiedener Breite und Tiefe dagegen häufig. Der Veränderliche steht damit zwischen den Prototypen RR Tauri und BO Cephei.

Periodische Wellen treten bei RY Lupi stark zurück; wo sie aber angedeutet sind, etwa bei 4510, 4520, 4570, da haben die Zyklen wieder eine Länge von 3 bis 4^d. Dem Charakter des Sterns entsprechend sind es die Minima, die quasi-periodisch auftreten.

Auffällig ist, daß zwischen 4260 und 4314 die Beobachtungen in Südafrika (Hoffmeister und Venter) fast konstante Helligkeit bei 10^m ergeben, die Beobachtungen in Neuseeland dagegen mit wenigen Ausnahmen tiefer liegen. Da systematische Unterschiede nicht vorliegen dürften, sind die Helligkeitsänderungen sehr wahrscheinlich als reell anzusehen. Auch diese Minima weisen mehrfach auf eine Wiederkehr nach 3 bis 4 Tagen hin, wogegen im 4. Abschnitt der Lichtwechsel völlig regellos ist.

AK Scorpii

(Tafeln 16 und 17)

Die Veränderlichkeit wurde 1907 von Leavitt auf Harvard-Platten entdeckt. Es wurde Bedeckungslichtwechsel vermutet, aber bereits auf kleine Unregelmäßigkeiten im Normallicht hingewiesen. Das Spektrum ist G0 nach dem Moskauer Katalog, F5, V nach Herbig (IAU Transact. VIII, 807, 1952).

Nach meinen Ermittlungen auf den photographischen Aufnahmen von 1935 bis 1938 ist der Veränderliche RW Aurigae-ähnlich: „Von den typischen Vertretern der RW Aurigae-Klasse unterscheidet ihn anscheinend nur die kleine Amplitude". Im einzelnen zeigte der Stern damals die Tendenz, ein „Normallicht" einzuhalten, von dem geringe Erhellungen und stärkere algolartige Schwächungen ausgingen. Immerhin ist auch einmal ein Stillstand von einigen Tagen Dauer in der Nähe des kleinsten Lichtes beobachtet.

Während der Beobachtungsperiode 1952—53 war das Verhalten des Sterns etwas anders. Die Verwandtschaft zur BO Cephei-Gruppe tritt kaum in Erscheinung, eher eine solche zur Y Leporis-Gruppe, denn der Lichtwechsel zeigt Wellen von 10 bis 15^d Länge, denen kleine rasche Schwankungen überlagert sind. Eine Periodizität der letzteren ist kaum erkennbar; die Zyklen von 1 bis 3^d Länge unterliegen einem raschen Wechsel und sind bei kleiner Amplitude oft nicht sicher festzustellen. Zeitweilig fehlen diese kurzen Wellen, und die Lichtkurve verläuft über eine Reihe von Tagen glatt.

Aus Filteraufnahmen ist zu schließen, daß der Stern blauer ist als das Mittel der Sterne der Umgebung. Wenn keine Bestimmung des Spektraltypus vorläge, wäre ich daher geneigt gewesen, ihm ein frühes F-Spektrum zuzuschreiben.

Y Leporis

(Tafel 18)

Der Prototyp der zweiten Untergruppe der RW Aurigae-Sterne ist 1931 auf Sonneberger Überwachungsplatten entdeckt und als kurzperiodisch angemeldet (AN 242.129). Die Bearbeitung des photographischen Materials 1935—38 ergab lange Stillstände und zu anderen Zeiten relativ rasche Änderungen und unruhigen Verlauf der Lichtkurve. Die visuellen Beobachtungen 1952—53 bestätigen im wesentlichen diesen Befund. Deutlich ausgeprägt ist eine Welle von 50 bis 60^d Länge mit Amplituden zwischen $0^m.4$ und $1^m.0$, doch ohne Periodizität über eine größere Anzahl von Zyklen. Von 4480 bis 4515 ist der Stern im Stillstand nahe dem kleinsten Licht.

S. Gaposchkin schreibt über die Beobachtungen von 242 4430 bis 9980 auf Harvard-Platten: „There is a well determined cycle of 109 days. The amplitude is variable" (HA 115.217). An derselben Stelle wird mitgeteilt, daß das Spektrum von Mrs. Mayall als M1 klassifiziert worden ist. Eine Neubestimmung des Spektrums von H. Herbig auf Lick Observatory ergab M4, III (IAU Transact. VIII, 897, 1952).

50.1929 = V 350 Orionis

Die Veränderlichkeit ist 1929 in Sonneberg entdeckt. Die ersten Beobachter vermuten teils Algol-, teils U Geminorum-Eigenschaft. W. Götz hat den Veränderlichen dann im Jahre 1952 als RW Aurigae-Stern erkannt und die widersprechenden Annahmen früherer Beobachter damit erklärt, daß der Stern die Neigung zeigt, im größten und im kleinsten Licht zum Stillstand zu kommen und aus diesen Ruhelagen algolartige Abschwächungen oder U Gem-artige Erhellungen auszubilden. Seine Beobachtungen ergeben sogar drei Ruhehelligkeiten, $10^m.45$, $10^m.85$ und $12^m.3$.

Meine Beobachtungen, die die Zeitabschnitte 243 4387 bis 4528 und nach der Sonnenlücke von 4567 bis 4573 überdecken, zeigen den Stern mit geringer Veränderlichkeit nahe dem kleinsten Licht bei $12^m.0$ bis $12^m.4$. Eigentlicher Stillstand ist kaum beobachtet; vielmehr bestehen Wellen von 30 bis 50^d Länge, denen sehr rasche Lichtänderungen kleiner Amplitude überlagert sind. Wenn man von letzteren, deren Amplitude $0^m.3$ nicht übersteigt, absieht, gleicht der Charakter des Lichtwechsels demjenigen, der gleichzeitig bei Y Leporis beobachtet wurde. Die letzte Beobachtung ist mit $11^m.5$ die hellste der ganzen visuellen Reihe. Vielleicht leitet der kurz vor dem Ende der Beobachtungen bemerkte Aufstieg um $0^m.8$ in 6^d eine Zeit stärkerer Aktivität ein. Der visuell beobachtete Zustand entspricht offenbar der oben erwähnten Ruhehelligkeit 12^m3.

S 4799 Phe

(Tafel 19)

Dieser Stern ist der hellste einer Gruppe von 3 untereinander ähnlichen Veränderlichen, die auf Platten von 1937—38 gefunden wurden (Astr. Abh. Erg. AN **12** Nr. 1, p A 23, 1949). Er wurde als Algolstern angemeldet. Die visuelle Reihe zeigt jedoch, daß er ein typischer Vertreter der „Algolähnlichen" BO Cephei-Sterne ist. Die Amplitude, etwa $9\overset{\mathrm{m}}{.}1$ bis $9\overset{\mathrm{m}}{.}5$, ist klein, und der Stern gehört zu den schwierigen Objekten seiner Art. Indessen lassen die Umstände der Beobachtung erwarten, daß auch die kleinen Schwankungen der Helligkeit, die die Kurve aufweist, reell sind.

Das bei $9\overset{\mathrm{m}}{.}25$ liegende „Normallicht" wird sehr gut eingehalten. Abweichungen davon sind selten; sie bestehen in Erhellungen bis zum Betrage von $0\overset{\mathrm{m}}{.}2$ und in Abschwächungen bis zum Betrage von $0\overset{\mathrm{m}}{.}25$. Zeitweise ist ein etwas unruhiger Verlauf der Kurve angedeutet, und es dürfte anzunehmen sein, daß auch im Normallicht ein Flackern um wenig mehr als $\pm 0\overset{\mathrm{m}}{.}1$ auftritt.

Das Spektrum des Sterns ist nach dem Henry Draper Catalogue F8, nach der Potsdamer Spektraldurchmusterung der Kapteyn-Eichfelder des Südhimmels F4.

S 4800 Phe

(Tafel 20)

Dieser Veränderliche steht $0\overset{\circ}{.}8$ von S 4799 entfernt und ist ganz ähnlicher Art. Er wurde nach der Entdeckung als kurzperiodisch angezeigt. Auch er hält das bei $10\overset{\mathrm{m}}{.}0$ liegende „Normallicht" zeitweise sehr gut ein. Erhellungen bis $9\overset{\mathrm{m}}{.}8$ scheinen selten zu sein; dagegen tritt öfter als bei S 4799 ein sehr unruhiger, rasch verlaufender Lichtwechsel zwischen $10\overset{\mathrm{m}}{.}0$ und $10\overset{\mathrm{m}}{.}3$ auf. Überlagerte Wellen von etwa 10^{d} Länge sind angedeutet, aber nicht ganz gesichert.

Das Spektrum ist nach der Potsdamer Spektraldurchmusterung K4.

S 4801 Phe

(Tafel 21)

Der Abstand dieses Sterns von S 4799 ist $2\overset{\circ}{.}0$. Seiner Art nach ist er nahe verwandt mit den beiden vorbehandelten, nur hat er kein „Normallicht". Die Amplitude ist $10\overset{\mathrm{m}}{.}2$ bis $10\overset{\mathrm{m}}{.}8$; der Lichtwechsel verläuft in Wellen, denen zeitweilig rasche Schwankungen von nur $0\overset{\mathrm{m}}{.}2$ Amplitude überlagert sind. Auch dieser Stern wurde seinerzeit zunächst als kurzperiodisch angesehen. Sein Spektrum ist nicht beobachtet. Er steht dicht außerhalb des Feldes 165 der P. Sp. D. Mittels der Farbe und in Verbindung mit einem Nachbarstern wurde das Spektrum zu etwa K7 bestimmt.

Nach diesem Befund ist der Veränderliche dem Y Leporis-Typus zuzuzählen.

Die 9 in vorstehendem Abschnitt behandelten Sterne stellen eine stetige Folge von Untertypen dar, die von der extremen RR Tauri-Form bis zur Y Leporis-Variante reicht. Die Zuordnung ist wie folgt:

Stern	Amplitude	Untertypus	Bemerkungen	Spektrum
T Cha	$10^m.5$—$13^m.8$ vis.	RR Tauri		—
RU Lup	9.6—10.7 ,,	,,		G5e
RY Lup	9.6—11.7 ,,	,,	Neigung zu Stillständen im gr. Licht	Go, V:
V 350 Ori	10.3—12.4 phg.	,,	atypisch durch lange Stillstände	—
AK Sco	10.2—11.1 vis.	,,	atypisch durch kleinere Amplitude	Go; F5, V
S 4799 Phe	9.1— 9.5 ,,	BO Cephei		F4
S 4800 Phe	9.8—10.3 ,,	,,		K4
S 4801 Phe	10.2—10.8 ,,	Y Leporis		(K7)
Y Lep	9.2—10.1 ,,	,,		M1; M4, III

Bemerkenswert ist immerhin, daß durch diese 9 Sterne auch Übergangsformen von der Untergruppe RR Tauri zur Untergruppe BO Cephei aufgewiesen sind. Es ist auch heute noch nicht endgültig entschieden, ob Sterne so verschiedenen Verhaltens wie T Cha und S 4799 Phe physikalisch überhaupt zu einer Klasse gehören. Immerhin muß auf Grund der hier gewonnenen Erfahrungen gesagt sein, daß diese Annahme an Wahrscheinlichkeit gewinnt. Die Tendenz zum Stillstand nahe der größten Helligkeit ist recht deutlich ausgeprägt bei RY Lup, der wohl als echte Übergangsform beider Untergruppen anzusehen ist; ebenso muß V 350 Ori in Betracht gezogen werden. Für die Theorie dürfte von Bedeutung sein, daß die Erscheinung eines hellen Ruhelichts offenbar allgemeinerer Natur ist, als man bisher angenommen hat. Die noch recht unbestimmten Ansätze zu einer Erklärung des Lichtwechsels bedienen sich wohl überwiegend der Vorstellung irgendwelcher Eruptionen, womit ein helles Ruhelicht als Ausgangszustand nicht vereinbar ist.

Der verschiedene Charakter des Lichtwechsels wird anschaulich gemacht durch die graphische Darstellung der Verteilung der Beobachtungen über den Bereich der Amplitude (S. 352, 353). Voraussetzung ist, daß die Verteilung zufällig ist, daß also nicht gewisse Phasen in ähnlicher Weise durch den Beobachter bevorzugt sind wie bei einem Bedeckungsstern das Minimum, einem RR Lyrae-Stern das Maximum. Bei einem regulären RW Aurigae-Stern wird ein solcher Effekt kaum vorhanden sein. Dagegen ist anzunehmen, daß bei einem BO Cephei-Stern die Beobachtungen etwas dichter liegen, wenn die Helligkeit vom Normallicht abweicht. Die Konzentration zum „Normallicht" wird also bei S 4799 und S 4800 in Wirklichkeit noch etwas stärker sein als die Figuren erkennen lassen. Sehr schön kommt der abweichende Charakter von RY Lupi und V 350 Ori als Übergangsformen zum Ausdruck.

Einiger Ausführungen bedürfen noch die bei zwei Sternen gefundenen periodischen Bestandteile der Lichtkurve. Quasiperiodische Vorgänge sind bei RW Aurigae-Sternen nicht unbekannt, jedoch handelt es sich dabe meist um erheblich längere Schwingungen. Neu dürfte sein, daß die kurzperiodischen Wellen manchmal über relativ lange Zeit erhalten bleiben und daß die Periodenlänge beim einzelnen Stern in charakteristischer Weise veränderlich ist. Dieser Befund liegt vor für T Cha und für RU Lup; Andeutungen finden sich bei RY Lup.

Sprunghafte Veränderungen der Perioden sind bekannt von den „δ Cephei-ähnlichen" Veränderlichen des EM Cygni-Typus. Man kennt zur Zeit folgende Fälle:

FY Car	$P = 23^d$ bis 28^d	Spektrum	unbekannt
SZ Cas	$P = 10.5$ bis 18	„	G1
EM Cyg	$P = 23.5$ bis 27	„	Pec

Ob diese 3 Sterne eine einheitliche Gruppe bilden, läßt sich nicht sagen. Das Spektrum von EM Cygni ist von E. M. und G. R. Burbidge (ApJ 118.349, 1953) beschrieben worden als ähnlich dem von V Sagittae, welch letzterer Stern für eine alte Nova gehalten wird. Die Autoren vermuten, daß auch EM Cyg eine solche sein könnte. Sicher scheint, daß EM Cyg ein Hauptreihenstern mit der absoluten Größe schwächer als $+3^M$ ist.

Nach Ahnert (unveröffentlicht) ist der Lichtwechsel von EM Cyg zeitweilig unregelmäßig; auch sind rasche Schwankungen überlagert. Eine Verwandtschaft zu den RW Aurigae-Sternen liegt daher nahe.

Ferner ist in diesem Zusammenhang EQ Mon zu erwähnen, ein U Geminorum-Stern, dessen Maxima nach der Bearbeitung von Ahnert über lange Zeit, von 242 5000 bis 8000, durch $P = 13\overset{d}{.}8645$ dargestellt werden; ein späteres Maximum genügt der Formel nicht. Auch bei diesem Stern sind rasche Änderungen überlagert (Veröffentl. Stw. Sonneberg 1.347, 1949). Das Spektrum von EQ Mon ist nicht ermittelt. Nahezu periodisch ist bekanntlich der Lichtwechsel der CN Orionis-Variante des U Gem-Typus. EQ Mon gehört vielleicht zu dieser Gruppe trotz des Stillstands im kleinsten Licht, der CN Ori fehlt.

Quasiperiodische Helligkeitsänderungen sind auch bei normalen Novae auf dem absteigenden Ast der Lichtkurve beobachtet. Genauer untersucht sind folgende Fälle:

Nova Persei 1901	Periode $2\overset{d}{.}5$ bis 5^d	Amplitude	2^m
„ Geminorum 1912	„ 3.5	„	1.5—0.5
„ Aquilae 1918	„ 1	„	—
„ „ „	„ 11.2	„	0.8—0.2
„ Pictoris 1925	„ 8	„	1
„ „ „	„ 13	„	—

Bei N Aquilae 1918 trat der erste Wert nur während etwa 10^d auf dem steil abfallenden Teil der Lichtkurve kurz nach dem Maximum in Erscheinung, der zweite danach für etwa 3 Monate, der dritte im Jahre 1919. Bei N Pictoris 1925 war der kürzere Wert während etwa 2 Monaten wirksam; dem längeren schien eine Schwingung mit etwa $P = 5^d$ überlagert. Man sieht jedenfalls, daß die Perioden der RW Aurigae-Sterne besser mit denen der Novae als mit denen der wenigen bekannten EM Cygni-Sterne übereinstimmen.

Unter der Annahme, daß die RW Aurigae-Veränderlichen Hauptreihensterne vom Spektraltypus G sind, kann man in der Beziehung

$$\log P \sqrt{\varrho/\varrho_\odot} = \text{const.} = -1.12$$

dem unter dem Wurzelzeichen stehenden Bruch die Größenordnung 1 zuschreiben. Dann ist P von der Größenordnung $0\overset{d}{.}1$. Dieser Fall ist bei den „ultrakurzperiodischen" Pulsationssternen CY Aqr, AI Vel, SX Phe und anderen verwirklicht. Daß die Perioden der RW Aurigae-Sterne viel länger sind, dürfte darauf hindeuten, daß hier nicht der ganze Stern pulsiert, daß es sich vielmehr um Schwingungen von Teilen geringerer Dichte handelt, um Vorgänge also, die auf die äußeren Schichten oder die Atmosphäre des Sterns beschränkt sind. So ist auch zu erklären, daß die Perioden veränderlich sind, indem im Zusammenhang mit anderen, den regellosen Lichtwechsel bestimmenden Vorgängen die an der Pulsation beteiligten Massen wechseln können. Mit dieser Vorstellung ist auch vereinbar, daß die Pulsation im Gesamtlichtwechsel nur von sekundärer Bedeutung ist. Den Vorgang der Periodizität durch Rotation des Sterns bei ungleichmäßiger Verteilung der Helligkeit über die Oberfläche erklären zu wollen, führt, wie leicht ersichtlich, auf Schwierigkeiten. Der hier erlangte Befund darf wohl als ein Hinweis auf die Existenz von Energiequellen in den äußeren Schichten des Sterns angesehen werden.

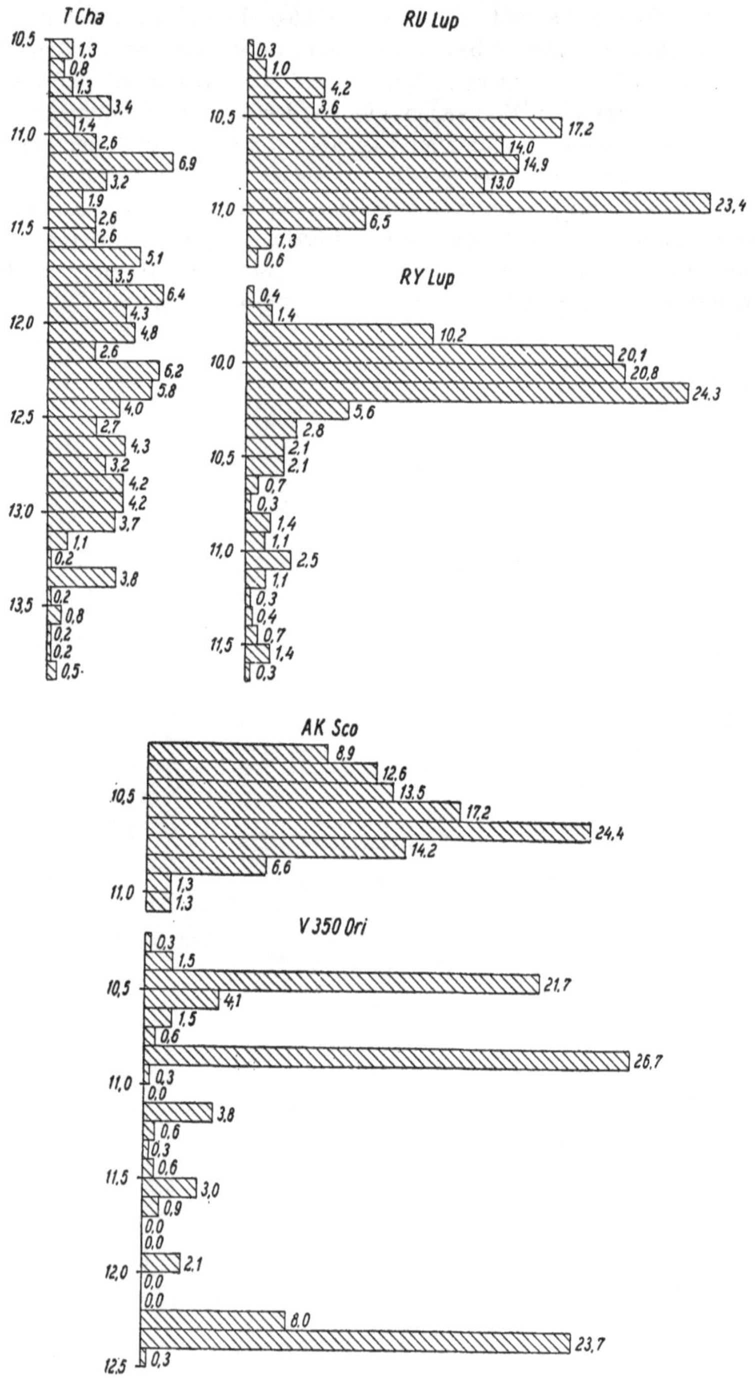

Verteilung der Beobachtungen nach Größenstufen
Anzahl in %

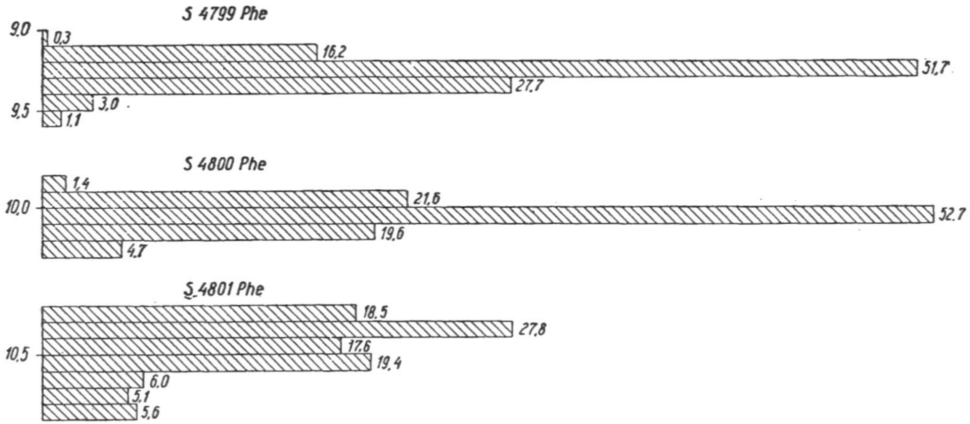

Verteilung der Beobachtungen nach Größenstufen
Anzahl in %

Beobachtungen

T Chamaeleontis

Beob.: Hoffmeister, visuell

Tag	Gr.	Tag	Gr.	Tag	Gr.
4237.373	12.64	4247.469	11.10	4268.325	11.63
407	12.78:	519	11.15	384	11.63
4239.275	13.06	610	11.19	480	11.61
302	13.15	4248.258	11.10	4269.273	12.26
320	13.30	351	11.03	310	12.29
350	13.30	453	11.10	464	12.40
436	13.30	4249.348	11.80	533	12.29
4240.250	11.80	381	11.85	573	12.36
277	11.73	4250.376	12.78	4270.278	[13.30
297	11.80	438	12.64	359	13.86:
323	11.80	4251.426	11.23	434	13.12:
358	11.87	590	11.28	499	12.95
426	11.80	4252.537	13.06	575	12.95
459	11.80	581	13.30	4271.268	12.33
4241.388	11.10:	612	13.44	327	12.12
4242.253	11.15	4253.551	13.30:	377	11.87
262	11.05	4254.552	12.95:	407	11.94
278	11.11	587	12.95:	477	11.94
311	11.04	4255.602	13.09:	560	11.87
328	11.10	4256.637	12.80	4272.261	12.33
383	11.15	653	12.74	344	12.26
420	11.02	4257.668	12.36	404	12.29
4243.259	11.15	4261.261	13.02:	518	12.29
281	11.11	4262.259	11.87	622	12.29
339	11.10	276	11.75	4273.261	13.86:
376	10.98	294	11.75	335	13.86:
419	11.03	4263.258	12.91	4274.266	11.65
534	11.02	303	12.82	338	11.67
4244.264	11.07	4264.247	11.80	411	11.67
308	11.08	285	11.84	434	11.67
340	11.15	321	11.67	532	11.67
4245.260	11.11	349	11.70	596	11.67
308	11.11	387	11.71	4275.267	10.54
383	11.10	4265.263	11.67	306	10.57
429	11.10	314	11.67	331	10.50
4246.270	11.02	340	11.67	394	10.50
329	10.98	406	11.63	524	10.57
394	10.85	4266.258	12.80	591	10.61
472	10.82	343	12.87	627	10.54
492	10.75	4267.273	13.02	4276.261	11.15
575	10.84	311	12.88	325	11.23
4247.263	11.07	374	12.88	396	11.23
309	11.08	474	12.78	545	11.64
346	11.08	515	12.74	4277.314	11.80
392	11.12	4268.277	11.60	391	11.87

Tag	Gr.	Tag	Gr.	Tag	Gr.
4277.627	11.94	4304.449	11.44	4335.567	12.46
4278.257	12.01	600	11.26	4336.315	12.60
334	11.50	4305.263	10.92	466	12.26
461	11.28	322	10.75	487	12.29
4279.271	11.47	376	10.68	590	12.15
357	11.38	4306.256	10.85	4337.274	11.27
439	11.47	504	11.17	523	12.26
561	11.63	582	11.15	599	12.43:
4280.414	12.26	610	11.25	4338.282	13.30:
455	12.26	4307.304	11.55	439	12.95
547	12.43	464	11.50	581	12.68
616	12.57	4308.274	12.22	4341.580	12.88::
4281.469	12.22	4309.263	11.62	4342.523	12.34
610	11.76	451	11.59	597	12.50
637	11.77	611	11.55	4343.547	13.58
4295.323	13.30:	4311.571	12.05	4344.572	13.16::
386	12.95	597	12.05	4345.604	12.36
451	12.88	4312.548	12.36	4349.281	12.40
4296.277	13.30::	606	12.33	4352.291	13.65::
392	13.09:	4313.577	12.15	4353.290	13.51:
442	13.02	613	11.98	382	13.09
4297.271	13.30::	4314.583	11.69	4354.322	13.30::
380	13.16:	611	11.67	4355.354	11.80
466	13.30	4315.626	11.23	4356.290	13.30:
506	13.16	4316.609	12.40	414	13.02:
4298.268	12.88	4320.261	12.36	4357.327	12.98
379	13.02:	4321.264	13.30::	424	12.95
534	12.95	4322.266	13.02:	4358.423	13.30:
4299.490	11.80	4323.271	12.81	4359.397	12.66
4300.256	11.80	314	12.67	4360.344	13.30:
365	11.94	390	12.60	4361.387	13.05
4301.336	11.94	4324.265	13.30::	596	12.81
4302.259	10.92	414	12.88	4362.321	12.87
298	10.71	4325.270	12.26	497	12.50
349	10.84	321	12.36	596	12.64
400	10.90	438	12.40	4363.320	13.30:
440	10.80	4326.294	12.80	4364.300	12.95
536	11.05	410	12.76	484	12.81
581	10.94	4327.324	12.92	4365.455	12.08
616	10.75	408	12.80	564	12.26
4303.259	10.61	4328 310	12.81:	4366.301	13.30:
343	10.75	502	12.74:	4368.406	12.87
392	10.68	4329.363	12.22	4369.474	12.90
520	10.57	4330.560	13.10:	4372.506	12.68
582	10.61	4331.271	12.95:	4373.558	12.67
606	10.54	378	12.81	4375.599	12.67
4304.262	11.28	4334.349	12.74	4387.318	13.72:
327	11.31	531	12.60	4388.341	12.95
405	11.44	4335.290	12.74:	431	12.70

Tag	Gr.	Tag	Gr.	Tag	Gr.
4388.484	12.64	4434.637	12.65	4490.571	11.98
4390.561	12.74	4458.308	11.28	614	11.80
4392.360	12.88:	329	11.35	650	11.74
4394.536	12.60	4470.270	12.98	4491.562	11.25
4395.307	11.45	4471.264	12.08	633	11.52
4397.318	11.85	298	11.94	669	11.70
406	12.01	4473.437	12.95:	4492.584	12.29
443	12.36	4474.270	12.50	645	12.43
4398.334	12.67:	435	12.29	4493.639	12.01
4399.449	12.88:	4475.258	11.80	4494.658	12.26
620	12.88:	4476.296	12.29	4498.228	13.30::
4400.458	12.36	361	12.29	4499.248	13.58:
496	12.64	410	12.29	4500.251	12.08
583	12.43	4477.292	12.69	4501.264	10.92
612	12.33	4478.258	10.81	4502.248	12.65
4401.488	12.55	298	10.86	314	12.55
587	12.55	478	10.80	330	12.58
4403.543	12.95	596	10.73	4503.251	12.64
4404.587	12.40	4479.286	12.43	335	12.64
613	12.57	453	12.48	4504.248	12.39
4405.625	12.98	4480.278	12.48	356	12.40
4407.466	12.60	4481.212	12.95	4505.301	13.12:
4412.311	12.67	446	12.81	409	13.05:
4414.363	12.59	617	12.67	523	12.91
4415.327	12.60	4482.280	12.47	4507.344	11.20:
4416.342	13.09	367	12.08	355	11.04
4417.330	12.64	431	12.22	505	11.03
629	12.73	512	12.22	619	11.17
4418.297	12.53	620	12.29	4508.273	12.95
4419.291	12.88	4483.266	12.71	383	13.07
4420.311	12.47	389	12.53	4509.557	13.30
425	12.51	474	12.57	4510.257	13.51
639	12.74	4485.264	10.77	549	12.70
4421.322	12.78	338	10.85	596	12.56
458	12.22	444	10.99	4511.350	12.30
466	12.22	4486.296	12.05	412	12.30
523	12.33	4487.510	11.80	658	12.44
587	12.71	4488.342	11.17	4512.253	13.05
625	12.92	406	11.50	333	13.05
4422.311	12.71	438	11.48	476	13.08
383	12.71	508	11.76	4513.276	11.52
526	12.71	624	12.01	375	11.32
603	12.64	4489.292	13.09:	451	11.15
4424.305	12.19	430	13.30	543	11.30
330	12.22	484	13.30	590	11.50
4427.503	12.36	662	13.30:	669	11.40
4431.303	13.00	4490.310	13.02	4514.483	12.12
515	13.51:	535	12.15!	511	12.12
4432.595	12.81	551	12.08	623	12.15

Tag	Gr.	Tag	Gr.	Tag	Gr.
4515.424	13.00	4535.376	11.89	4544.297	11.15
4516.274	12.33	424	11.91	339	11.15
308	12.29	493	12.01	396	11.15
374	12.37	544	12.01	464	11.15
491	12.36	4536.240	11.25	542	11.10
660	12.85:	305	11.26	599	11.12
4517.270	12.21:	367	11.15	4545.275	11.70
392	12.38	422	11.17	427	11.72
569	12.21	532	11.19	509	11.76
4518.250	12.35	599	11.19	621	11.73
460	12.37	4537.241	11.46	4546.240	12.08
640	12.42	316	11.45	400	11.56
4519.263	13.30:	356	11.45	505	11.31
547	12.15	460	11.72	642	10.86
581	12.08	531	11.87	4547.239	11.15
596	12.15	4538.235	12.43	453	11.38
4520.529	11.99	379	12.07	592	11.25
585	11.75	412	12.10	4548.244	11.94
614	11.61	467	12.04	494	12.44
660	11.60	4539.244	12.25	547	12.41
4521.569	12.01	300	12.16	4549.521	10.85
4522.603	12.43	387	12.29	562	10.84
4523.636	12.35	451	12.01	618	10.93
4524.673	12.33:	532	11.72	4550.549	10.54
4528.233	12.98	4540.243	11.47	592	10.47
4529.229	11.87	303	11.48	680	10.47
272	11.87	372	11.73	4551.591	10.85
4530.239	12.08	470	11.59	667	10.98
306	12.08	4541.249	11.80	4552.630	10.57
4531.244	11.94	294	11.94	4553.676	10.61
333	12.01	355	12.08	4559.245	10.61
4532.231	12.27	412	12.12	297	10.57
312	12.29	482	12.08	326	10.57
370	11.94	599	11.80	4560.241	12.36
400	12.08	635	11.73	301	12.38
415	11.98	4542.245	11.94	364	12.40
439	11.98	301	12.15	4561.246	13.28
4533.248	10.87	335	12.30	299	13.30
280	10.85	371	12.25	484	13.02:
299	10.85	426	12.30	4562.267	12.08
348	10.75	602	11.88	328	12.12
422	10.87	637	11.88	387	12.15
467	10.87	4543.249	10.84	445	12.33
4534.243	11.31	294	10.84	4563.244	11.26
327	11.25	380	10.94	294	11.22
390	11.15	433	11.45	358	11.17
502	11.19	461	11.47	442	11.07
4535.242	11.68	487	11.66	491	10.84
307	11.70	4544.248	11.15	4564.245	11.15

Tag	Gr.	Tag	Gr.	Tag	Gr.
4564.326	11.33	4567.285	11.80	4570.283	12.30
394	11.87	349	11.80	343	12.36
428	11.94	407	11.80	395	12.42
511	12.29	455	11.73	483	12.42:
546	12.50:	537	11.68	4571.245	12.32
4565.251	13.09	4568.248	11.94	347	12.25
392	12.90	280	11.87	428	12.55
440	12.91	333	11.60	461	12.45
4566.248	12.33	336	11.23	4572.247	11.10
292	11.87	408	11.45	309	11.17
307	11.96	463	11.37	376	11.60
350	11.93	4569.249	11.67	391	11.75
398	11.93	263	11.37	430	11.93
450	12.08	373	11.61	4573.251	12.00
503	11.90	436	11.55	360	11.93
587	12.00	478	11.68	423	11.87
4567.241	11.80	4570.268	12.34	469	11.80

T Chamaeleontis

Beob.: HOFFMEISTER, photographisch

Tag	Gr.	Plattensorte	Tag	Gr.	Plattensorte
4236.357	12.30	A	4422.601	[12.90	A
4254.625	[13.00	A	4476.399	[11.60	A
4272.599	[13.50	P	4480.447	12.70::	A
4275.609	10.60	P	4481.351	[12.70	A
4304.541	11.50	A	4483.399	[13.20	A
4306.553	[11.70	A	4485.397	11.00	P
4310.550	11.74	A	4485.484	11.30	P
4313.599	12.70	P	4503.386	12.40	A
4325.329	12.10	A	4505.378	12.60	A
4326.331	12.10:	A	4512.390	[12.40	A
4327.479	12.80	I	4517.313	[12.30	A
4335.481	13.30	I	4529.240	12.00:	A
4337.579	12.30	I	4531.331	11.80	I
4342.526	12.50	I	4534.252	11.30	I
4356.437	[13.40	I	4534.512	10.55	I
4361.528	[13.00	A	4537.415	11.60	A
4363.530	[13.70	I	4538.290	12.65:	A
4365.452	[12.00	A	4538.422	11.90	A
4366.479	12.70::	A	4540.250	11.45	A
4368.450	[13.20	A	4541.468	12.60	A
4369.441	[12.50	A	4543.471	11.80	A
4387.447	[13.30	A	4564.388	11.90	P
4398.435	[12.40	A	4567.253	12.10	P
4401.564	12.40::	A	4567.426	11.25	P
4403.603	[11.70	A	4570.474	12.10	A
4416.398	[12.40	A	4571.258	12.20	A
4419.619	[13.00	A			

A = Astro, blauempfindlich
I = Isochrom oder gleichwertige Platte
P = Panchromatisch

T Chamaeleontis

Beob.: Jones (J), Philpott (P), Bateson (B)

Tag	Gr.	Beob.	Tag	Gr.	Beob.
4258.86	12.14	J	4282.86	10.73	J
4260.87	[12.14	J	4283.14	10.85	J
4261.86	11.48	J	4284.85	10.38	J
4263.84	12.48	J	4285.15	10.53	J
93	12.38	J	21	10.60	J
4268.92	12.48	J	4290.86	12.59	J
4270.87	12.67	J	4291.89	12.67	J
4271.92	12.29	J	4292.85	12.97	J
95	11.70	J	92	13.17	J
99	11.97	J	93	12.79	J
4274.19	10.95	J	4295.94	12.86	J
22	10.98	J	4298.87	[12.67	J
85	11.00	J	90	12.79	J
90	10.97	J	4300.19	12.06	J
95	10.88	J	88	11.78	P
4275.00	10.81	J	95	11.89	P
02	10.76	J	4301.00	11.80	P
20	10.79	J	85	10.18	J
4276.15	10.82	J	88	11.17	P
18	10.81	J	4302.15	10.73	J
20	10.81	J	89	10.96	P
83	11.80	J	91	10.31	J
84	12.19	P	92	10.91	P
88	11.97	J	4303.13	10.65	J
90	12.06	J	16	10.66	J
92	12.14	J	4307.86	12.38	J
94	11.92	J	4309.91	12.03	J
96	12.07	J	4310.11	11.97	J
99	12.10	J	17	11.55	J
4277.00	12.03	J	89	11.67	J
17	11.00	J	4318.89	[12.29	J
20	11.37	J	4321.91	[12.67	J
21	11.37	J	97	12.76	J
22	11.04	J	4328.15	12.60	J
90	12.22	J	4329.90	12.60	J
93	12.19	J	4331.93	[12.67	P
4278.95	10.95	J	95	[12.67	P
4279.87	12.14	J	96	12.77	J
89	12.10	J	98	[12.67	P
93	12.24	J	99	12.73	J
4281.16	12.14	J	4332.03	[12.14	P
18	12.10	J	10	12.77	J
„	12.09	J	14	[12.67	J
91	12.04	J	89	12.36	J
4282.21	10.85	J	91	11.88	P
83	10.80	J	93	12.01	J

Tag	Gr.	Beob.	Tag	Gr.	Beob.
4332.94	12.27	P	4395.97	[12.14	P
96	12.04	J	98	12.67	J
4334.92	12.48	J	99	12.58	P
4336.04	12.39	J	4396.96	11.80	J
4337.11	12.29	J	4397.01	[12.14	P
4338.99	11.89	P	92	12.14	J
4339.13	12.14	J	4398.02	12.42	J
4345.98	12.14	J	16	12.48	J
4346.13	12.09	J	4401.15	11.96	J
4354.96	[12.67	P	4404.94	12.24	J
4356.95	[12.67	P	4405.11	13.01	J
4359.03	12.42	J	97	[12.67	J
4360.12	[12.67	J	4406.15	[12.86	J
„	13.16	J	4414.94	[12.67	J
4362.10	12.01	J	4416.96	12.48	J
92	[11.80	P	4417.98	12.89	J
4363.09	12.83	J	4421.91	[11.80	P
97	[12.14	P	98	11.88	P
98	[12.86	J	4427.20	12.22	J
4364.01	[13.01	J	96	12.58	J
10	[13.01	J	4429.99	12.54	J
4366.94	13.01	J	4430.93	12.48	J
4369.95	12.91	J	4431.20	12.97	J
98	[12.14	P	4442.92	11.89	J
4370.03	12.97	J	4443.88	12.19	J
12	13.01	J	98	12.01	J
94	12.35	J	4444.93	12.14	J
96	12.35	J	4446.92	11.95	J
4371.03	12.34	J	4447.22	12.21	J
12	12.36	J	4448.94	11.89	J
4372.05	12.48	J	4449.88	13.01	J
12	12.37	J	4450.90	12.22	P
4373.07	12.57	J	4451.22	13.24	J
4374.93	[12.29	J	4452.87	12.24	P
4375.13	12.57	J	89	12.30	P
4376.12	12.71	J	4453.18	12.14	J
4378.95	[12.30	J	4454.86	[12.14	P
4383.97	12.84	J	88	[12.14	P
4384.92	[12.86	J	90	[12.14	P
4385.16	12.14	J	93	[12.14	P
93	12.48	J	93	12.54	J
95	[11.80	P	96	[12.14	P
4387.97	[12.14	P	99	12.37	J
97	13.24	J	4455.22	12.01	J
4388.10	[13.01	J	4456.86	12.48	J
14	[13.01	J	4457.00	12.48	J
4391.15	12.37	J	23	12.58	J
4393.00	[12.14	P	85	12.10	J
12	[13.04	J	96	12.06	J

Tag	Gr.	Beob.	Tag	Gr.	Beob.
4459.87	11.86	J	4502.82	12.18	J
91	11.89	J	91	12.47	J
4460.19	12.62	J	99	12.61	J
22	12.42	J	4503.82	13.10	J
4471.85	11.80	J	91	13.05	J
4472.86	12.98	J	92	[11.80	P
92	12.98	J	4504.01	12.47	J
4477.01	13.36	J	27	12.47	J
84	10.99	J	79	12.47	J
92	10.85	J	89	12.44	J
99	11.04	J	4505.01	12.61	J
4478.16	10.85	J	27	13.11	J
24	10.85	J	79	12.29	J
92	11.70	J	87	12.41	J
95	11.75	J	92	12.44	J
4479.17	12.29	J	4506.03	12.60	J
24	12.29	J	24	12.48	J
4480.81	12.77	J	97	11.98	J
95	13.06	J	4507.23	10.94	J
4481.18	13.10	J	27	10.85	J
24	13.26	J	95	11.75	J
89	13.36	J	4509.79	[12.86	J
4482.25	12.52	J	83	13.40	J
87	12.42	J	4511.90	12.50	J
93	12.54	J	4512.83	12.42	J
4483.83	11.94	J	90	12.22	J
83	[12.14	P	95	12.12	J
88	[12.14	P	99	12.14	J
92	12.37	J	4513.26	11.54	J
4484.25	12.48	J	84	11.72	J
90	10.38	J	89	11.48	J
93	10.38	J	91	11.42	J
98	10.47	J	96	11.15	J
4485.18	10.82	J	4514.80	12.22	J
26	10.95	J	84	12.52	J
82	11.94	J	87	13.01	J
87	11.91	J	88	13.10	J
97	12.14	J	4515.25	12.61	J
4486.17	12.14	J	4517.27	12.38	J
25	12.09	J	91	12.35	J
99	12.43	J	4518.25	12.67	J
4487.82	10.17	J	4521.18	11.48	J
4488.82	12.62	J	28	11.27	J
4492.83	12.47	J	4529.81	11.87	P
4493.19	12.63	J	94	12.47	J
4500.80	11.72	J	4530.82	12.19	J
4501.79	10.81	J	94	12.14	J
85	12.06	J	4531.95	12.91	J
4502.79	12.19	J	4532.80	11.57	J

Tag	Gr.	Beob.	Tag	Gr.	Beob.
4532.84	11.43	J	4567.99	12.27	J
4533.85	11.73	P	4568.78	10.75	J
87	11.26	J	81	10.78	J
89	10.89	P	90	10.75	J
93	11.27	J	4569.28	11.38	J
4534.80	11.57	J	78	12.19	J
85	10.97	P	83	12.25	J
86	11.57	J	94	12.35	J
4535.03	11.57	J	4570.00	12.44	J
29	11.04	J	28	12.43	J
80	11.78	J	80	12.29	J
84	11.54	P	86	12.29	J
84	11.77	J	99	12.43	J
87	11.48	P	4571.28	12.62	J
90	11.70	J	79	12.35	J
99	11.48	J	87	12.35	J
4536.25	11.00	J	95	11.80	J
85	10.91	P	98	11.75	J
4537.80	12.44	J	4572.25	10.76	J
85	12.57	J	88	11.59	J
99	12.76	J	98	11.72	J
4538.25	12.54	J	4573.25	11.91	J
28	12.38	J	79	11.53	J
4540.28	11.01	J	85	10.99	J
77	11.73	J	91	11.27	J
83	11.73	J	4574.25	11.25	J
84	11.30	P	80	12.44	J
87	11.73	P	85	12.43	J
89	11.77	J	97	12.47	J
4541.97	11.72	J	4575.00	12.57	J
4546.80	10.37	J	4576.21	12.57	J
83	10.37	J	28	12.52	J
4547.28	10.88	J	80	[12.67	J
4548.14	11.80	J	85	12.82	J
21	12.06	J	92	12.83	J
79	11.94	J	99	12.84	J
4557.82	11.70	J	4579.28	12.43	J
4558.82	10.61	J	4581.28	12.03	J
89	10.38	J	4586.84	12.58	J
4564.28	10.98	J	4589.80	12.63	J
4565.27	12.94	J	84	[11.80	P
79	12.06	J	87	12.72	J
85	12.14	J	4590.79	12.57	J
95	12.22	J	4595.81	[12.47	J
4566.01	12.14	J	4596.80	12.41	J
4567.78	11.98	J	89	12.14	J
81	12.06	J	4597.26	11.89	J
86	12.14	J	79	12.54	J
91	12.14	J	84	[12.14	P

Tag	Gr.	Beob.	Tag	Gr.	Beob.
4597.86	[12.14	P	4633.99	10.94	J
4598.80	12.77	J	4634.21	10.94	J
82	[12.14	P	85	11.77	J
4599.23	12.67	J	86	[11.70	P
87	12.77	J	89	11.48	J
92	12.80	J	96	11.80	J
4600.21	12.83	J	4635.20	12.11	J
4604.79	11.98	J	4636.20	11.20	J
84	11.85	J	4637.84	[12.14	J
93	11.89	J	4638.19	12.47	J
4605.81	[12.86	J	88	12.67	J
4608.26	12.77	J	4639.17	12.67	J
81	12.57	J	22	12.62	J
4609.27	12.43	J	4640.22	11.80	J
4611.26	12.67	J	4641.22	11.57	J
4612.25	[12.67	J	4644.83	11.80	J
4618.82	[12.86	J	4645.86	11.80	J
4619.84	12.60	J	4646.87	10.31	J
89	12.64	J	98	10.31	J
90	[11.70	P	4650.87	11.43	J
94	12.62	J	96	11.20	J
4620.82	11.94	J	4652.85	11.75	J
85	[11.70	P	92	11.75	J
87	11.98	J	4653.05	11.57	J
90	12.06	J	15	10.93	J
95	11.94	J	20	10.76	J
4621.22	11.92	J	84	10.77	J
4624.22	10.66	J	4655.19	12.67	J
84	10.61	J	4662.85	10.61	J
4625.85	[11.70	P	95	10.33	J
94	12.38	J	98	10.27	J
4627.84	10.95	J	4665.89	10.27	J
4628.23	10.96	J	92	10.27	J
82	12.55	J	4666.15	10.62	J
87	12.59	J	4668.12	10.73	J
90	[12.14	P	4670.19	10.24	J
92	[12.14	P	4671.18	10.50	J
98	12.47	J	4674.92	10.47	J
4629.24	11.04	J	4677.86	10.38	J
83	11.04	J	4678.02	10.34	J
90	10.95	J	4687.16	12.06	J
4630.87	10.61	J	4688.87	10.31	J
94	10.38	J	97	10.29	J
97	10.61	J	4689.11	9.97	J
4631.22	10.61	J	4690.87	12.41	J
4632.94	12.36	J	99	12.42	J
99	12.39	J	4691.11	12.43	J
4633.22	11.87	J	98	10.38	J
94	10.89	J	4692.13	10.69	J

Tag	Gr.	Beob.	Tag	Gr.	Beob.
4692.96	10.95	J	4776.95	10.38	J
4693.13	10.89	J	4777.98	10.04	J
88	10.85	J	4778.92	10.10	J
4694.90	10.30	J	4779.90	10.10	J
95	10.27	J	4780.19	10.13	J
4695.12	10.50	J	4782.12	10.13	J
4697.89	10.27	J	98	10.29	B
4698.15	10.54	J	4783.03	10.10	J
4700.13	11.92	J	4786.90	10.27	J
4707.96	10.17	J	4787.08	10.38	J
4708.04	10.20	J	4796.97	10.71	J
91	10.94	J	4797.99	10.71	J
4710.93	10.57	J	4799.91	10.34	J
4711.03	10.61	J	4800.01	10.71	J
13	10.54	J	96	10.50	J
94	11.98	J	4806.89	10.71	J
99	12.09	J	4812.98	11.04	J
4717.89	10.71	B	4817.23	10.95	J
4721.13	12.44	J	92	10.91	J
4723.93	10.69	J	4818.19	10.95	J
4724.13	10.73	J	4821.23	10.17	J
4727.09	10.27	J	4824.85	10.78	J
4736.94	12.06	J	86	10.48	J
4738.89	11.34	B	4827.86	10.48	J
92	10.50	J	93	10.38	J
4739.11	10.61	J	4831.21	10.82	J
89	[11.70	B	88	10.91	J
92	9.97	J	4832.24	10.95	J
4740.03	9.67	J	84	10.78	J
4743.03	10.46	J	99	10.71	J
4744.94	10.61	J	4833.22	10.95	J
4746.14	10.85	J	4835.93	10.93	J
92	10.45	J	4838.02	10.93	J
4747.15	10.46	J	84	10.91	J
4748.14	10.83	J	4840.99	10.55	J
4750.00	10.54	J	4841.90	10.87	J
15	10.31	J	4843.00	11.37	J
92	10.76	J	4846.90	10.38	J
4751.96	10.78	J	4848.24	10.38	J
4753.92	10.85	J	87	10.34	J
4754.14	11.37	J	4849.24	10.27	J
4755.93	10.98	J	4851.00	10.65	J
4756.15	11.04	J	4852.82	10.65	J
4766.96	10.76	J	4853.84	10.35	J
4769.91	10.61	J	4855.94	10.24	J
4770.06	10.34	J	4856.26	10.38	J
96	9.77	J	89	10.65	J
4771.17	9.67	J	4863.87	11.04	J
4772.99	10.25	B	4864.85	11.77	J

Tag	Gr.	Beob.	Tag	Gr.	Beob.
4866.91	11.70	J	4925.82	12.41	J
4871.81	11.77	J	95	12.44	J
4873.27	12.57	J	4926.85	12.35	J
4874.23	12.55	J	4927.05	12.31	J
81	12.51	J	25	12.29	J
4875.26	12.34	J	77	12.14	J
4876.81	11.97	J	4928.85	12.64	J
4877.22	12.62	J	4929.01	12.61	J
4883.80	12.27	J	26	12.61	J
4884.84	11.98	J	79	12.31	J
4885.88	10.91	J	94	11.93	J
4887.85	12.62	J	4931.27	12.39	J
4888.82	11.89	J	84	11.78	J
92	11.80	J	4932.18	12.20	J
4889.78	11.89	J	,,	11.98	J
95	12.35	J	81	12.47	J
4890.25	12.42	J	4933.25	12.57	J
82	12.35	J	4934.29	11.26	J
4891.26	12.62	J	79	12.61	J
79	11.75	J	4935.27	12.62	J
4893.01	12.01	J	4944.99	12.35	J
79	12.54	J	4946.00	12.33	J
95	13.01	J	95	12.43	J
4895.85	10.71	J	4947.88	12.41	J
97	10.71	J	98	12.35	J
4898.78	11.75	J	4949.79	13.01	J
91	11.86	J	92	13.30	J
4899.04	11.80	J	4950.27	13.06	J
4903.87	12.96	J	92	12.23	J
4904.23	12.82	J	99	12.29	J
80	11.91	J	4951.25	12.57	J
4905.22	12.42	J	82	11.80	J
27	12.55	J	88	11.75	J
4906.22	12.64	J	98	11.73	J
28	12.63	J	4952.28	11.91	J
4907.93	12.14	J	89	12.44	J
4911.79	12.14	J	95	12.61	J
4912.83	13.15	J	4953.24	12.54	J
4913.86	12.77	J	4954.27	12.48	J
4915.86	12.52	J	4955.25	12.54	J
4916.03	12.55	J	4956.84	12.53	J
85	12.26	J	4957.25	12.51	J
4917.29	12.47	J	4960.04	11.80	J
4919.80	12.38	J	27	11.04	J
4920.27	12.53	J	4961.98	11.48	J
97	11.80	J	4962.17	11.37	J
4921.87	12.64	J	91	11.93	J
4922.00	12.80	J	4963.21	11.93	J
4924.82	12.47	J	4964.24	12.29	J

Tag	Gr.	Beob.	Tag	Gr.	Beob.
4966.27	[12.86	J	5016.88	12.83	J
4967.82	12.63	J	5017.89	12.43	J
4970.86	12.63	J	5018.90	12.64	J
4971.92	11.85	J	5019.17	12.58	J
4972.89	11.78	J	90	12.37	J
98	11.91	J	5020.87	11.97	J
4975.06	12.39	J	5021.93	11.80	J
82	12.77	J	5022.19	11.42	J
4978.96	12.64	J	87	[12.47	J
4979.89	11.80	J	5023.16	12.64	J
4980.26	11.92	J	85	[12.47	J
81	11.93	J	5030.91	12.62	J
96	12.51	J	5031.00	[12.67	J
4981.21	12.67	J	85	12.64	J
99	12.86	J	5034.05	12.57	J
4982.24	13.15	J	92	[12.86	J
4983.01	13.41	J	98	13.20	J
21	12.98	J	5035.87	12.47	J
90	12.64	J	5037.18	12.62	J
4984.22	11.70	J	97	12.97	J
87	13.12	J	5038.01	12.99	J
99	12.96	J	5039.88	12.64	J
4986.93	11.78	J	5040.09	12.64	J
99	11.80	J	5041.17	[12.67	J
4988.02	12.62	J	96	12.98	J
24	12.73	J	5045.86	[13.20	J
85	12.62	J	5047.12	13.50	J
4990.21	12.44	J	88	12.97	J
4991.20	12.37	J	5052.07	12.98	J
4992.90	[12.47	J	5053.13	13.05	J
4993.17	12.67	J	5060.91	[12.86	J
4994.19	12.83	J	5066.98	[13.20	J
84	[12.86	J	5068.92	12.54	J
5000.84	[12.67	J	99	12.47	J
5004.97	12.67	J	5069.13	12.35	J
5006.96	12.73	J	5072.11	10.96	J
5007.86	12.96	J	5073.95	13.21	J
97	[12.86	J	5074.07	13.21	J
5008.22	12.87	J	92	11.94	J
86	12.64	J	5075.93	13.14	J
95	[12.86	J	5076.09	13.15	J
5009.99	12.41	J	94	[13.01	J
5010.94	13.16	J	5077.10	[13.20	J
5011.15	13.03	J	98	12.64	J
5014.01	[12.47	J	5078.93	11.94	J
5015.19	12.63	J	5090.96	12.62	J
89	[13.20	J	5091.00	12.61	J
99	[13.20	J	93	12.63	J
5016.20	12.62	J	5092.95	12.67	J

Tag	Gr.	Beob.	Tag	Gr.	Beob.
5095.08	12.09	J	5166.87	11.80	J
5099.00	12.41	J	5169.87	11.77	J
5103.98	11.04	J	5170.22	12.47	J
5104.15	11.70	J	5171.21	12.54	J
95	10.91	J	5172.15	11.80	J
5105.13	10.93	J	5173.22	12.21	J
97	12.14	J	94	12.63	J
5108.01	12.57	J	5175.90	11.48	J
5110.93	11.42	J	5181.88	10.87	J
5111.13	12.06	J	98	10.87	J
5112.12	12.36	J	5182.97	11.72	J
5113.06	12.77	J	5183.23	11.26	J
5114.01	12.57	J	5184.91	11.70	J
13	11.89	J	5185.04	11.72	J
5115.96	[12.23	J	5186.86	10.71	J
5118.93	[12.67	J	95	10.71	J
5120.13	11.85	J	5187.23	10.35	J
5124.96	10.87	J	91	10.54	J
5126.95	11.51	J	96	10.48	J
5127.16	12.50	J	5188.19	10.54	J
99	10.82	J	86	10.54	J
5129.97	10.95	J	95	10.51	J
5131.17	12.14	J	98	10.51	J
5133.91	12.21	J	5189.20	10.38	J
5134.16	11.85	J	23	10.51	J
5135.17	[12.47	J	93	10.58	J
5136.14	12.30	J	96	10.81	J
5137.01	17.78	J	5190.23	11.04	J
06	11.80	J	91	11.37	J
16	11.80	J	97	11.72	J
5139.00	12.63	J	5191.94	10.51	J
99	11.72	J	5192.24	10.44	J
5142.11	12.91	J	87	10.73	J
5144.91	[12.47	J	96	10.53	J
5150.89	11.80	J	5195.20	10.35	J
96	11.92	J	85	10.44	J
5151.89	11.37	J	5204.99	11.57	J
5156.91	12.57	J	5205.88	11.57	J
99	12.57	J	5206.93	12.14	J
5158.89	12.00	J	5207.86	11.86	J
5159.21	11.94	J	5208.89	10.54	J
5160.16	11.92	J	5209.25	10.56	J
21	12.30	J	82	12.31	J
96	10.74	J	90	12.54	J
5162.90	12.63	J	5210.24	13.16	J
99	12.42	J	5211.01	12.96	J
5165.91	11.04	J	24	12.63	J
5166.00	11.48	J	5213.81	12.79	J
18	11.73	J	5214.07	12.77	J

Tag	Gr.	Beob.	Tag	Gr.	Beob.
5216.82	11.80	J	5248.91	12.59	J
92	12.20	J	96	12.40	J
5217.83	11.72	J	5250.25	12.20	J
93	11.57	J	82	12.64	J
5218.00	11.57	J	96	12.64	J
25	11.75	J	5251.28	12.67	J
5219.96	13.20	J	92	13.13	J
5220.03	13.30	J	5252.84	12.09	J
23	12.57	J	89	12.14	J
86	11.72	J	97	12.22	J
93	11.78	J	5253.26	[12.14	J
5221.91	11.80	J	5254.88	12.76	J
5222.21	12.14	J	5255.00	12.72	J
86	12.63	J	23	12.63	J
99	12.76	J	78	12.06	J
5224.86	11.59	J	82	11.94	J
96	11.80	J	5264.91	[12.47	J
5225.25	11.92	J	5265.77	12.14	J
90	12.67	J	5266.89	12.57	J
98	13.09	J	5267.82	[13.01	J
5226.88	12.47	J	5268.78	[12.47	J
91	12.42	J	5270.01	12.21	J
5228.00	11.75	J	27	12.06	J
26	12.06	J	5272.86	12.25	J
5229.27	[12.5:	J	5273.03	12.06	J
5230.24	12.41	J	5274.25	13.10	J
5233.23	12.67	J	5275.27	12.36	J
84	11.92	J	82	12.63	J
5234.81	12.57	J	5276.02	12.42	J
5235.01	[12.47	J	28	12.63	J
80	12.87	J	80	11.98	J
5236.81	11.48	J	84	11.92	J
5237.02	11.48	J	5277.79	[13.21	J
84	10.92	J	94	13.10	J
5238.00	10.86	J	5278.28	12.63	J
24	10.95	J	5280.80	12.67	J
81	10.42	J	99	[12.86	J
88	11.04	J	5281.94	11.98	J
98	10.81	J	99	12.10	J
5239.25	10.96	J	5282.28	11.92	J
85	11.43	J	81	12.39	J
94	11.85	J	98	12.41	J
5240.26	11.61	J	5284.78	12.60	J
81	11.75	J	92	12.57	J
5241.27	11.30	J	5287.27	[13.01	J
5244.93	13.13	J	80	[12.47	J
5246.88	10.76	J	86	[12.67	J
5247.83	11.92	J	5288.24	12.62	J
5248.00	12.54	J	28	12.73	J

Tag	Gr.	Beob.	Tag	Gr.	Beob.
5292.26	[12.67	J	5360.83	12.30	J
83	[12.47	J	5361.07	12.64	J
5293.81	[12.47	J	23	12.64	J
5294.79	[12.67	J	89	12.80	J
5295.82	[13.46	J	98	12.86	J
5296.88	[12.67	J	5362.23	13.16	J
5298.78	[13.31	J	5363.23	[12.67	J
96	12.99	J	5364.87	[13.20	J
5303.02	12.36	J	5365.21	13.13	J
80	13.10	J	5366.22	13.06	J
99	[13.20	J	91	12.28	J
5304.24	12.93	J	96	12.10	J
80	[12.86	J	5367.02	11.98	J
91	13.01	J	22	11.80	J
5305.79	13.16	J	5368.21	12.76	J
5306.80	13.01	J	96	12.76	J
5311.28	11.60	J	5369.20	12.82	J
5312.24	11.93	J	85	[12.47	J
80	13.10	J	93	12.76	J
97	13.10	J	5370.83	[12.14	J
5313.29	[12.47	J	5373.84	12.60	J
81	[13.01	J	97	12.59	J
5314.01	[13.10	J	5374.15	12.64	J
28	13.01	J	92	12.62	J
5316.02	[12.67	J	5375.13	12.62	J
25	[12.86	J	21	12.55	J
5317.81	[12.14	J	5377.18	12.87	J
5323.82	[12.14	J	5378.22	12.67	J
5325.90	[12.67	J	5379.20	12.30	J
5326.85	[13.01	J	5382.20	12.14	J
5327.85	11.92	J	5383.85	12.42	J
94	11.94	J	5385.89	12.00	J
5329.93	13.06	J	98	11.87	J
5330.86	12.60	J	5386.20	10.89	J
98	12.57	J	97	10.86	J
5331.28	[12.14	J	5387.20	10.99	J
5336.96	12.25	J	5388.17	11.83	J
5339.25	10.95	J	5390.00	10.95	J
5340.23	12.51	J	20	10.81	J
84	12.63	J	87	12.30	J
5343.83	12.62	J	5391.00	12.60	J
5344.03	12.06	J	20	[12.47	J
5345.99	12.67	J	85	[12.67	J
5346.22	13.03	J	5393.86	[12.47	J
5347.17	12.30	J	5394.18	12.93	J
5349.25	12.47	J	5395.19	[12.67	J
5354.82	12.22	J	5397.00	13.01	J
5356.94	12.25	J	5398.87	12.62	J
5360.21	12.41	J	5401.17	12.63	J

Tag	Gr.	Beob.	Tag	Gr.	Beob.
5401.86	12.36	J	5431.90	12.38	J
5403.02	12.57	J	5433.97	[12.14	J
92	12.64	J	5434.14	[11.98	J
5404.91	[12.67	J	5435.03	[12.47	J
5407.93	[12.47	J	5437.95	12.67	J
5408.16	13.01	J	5441.94	[12.14	J
92	[11.80	J	5443.93	[12.86	J
5409.90	[12.47	J	5445.02	[12.67	J
5413.89	12.64	J	96	12.91	J
5415.13	[12.67	J	5447.12	12.86	J
90	13.20	J	95	12.96	J
5416.02	[12.86	J	5450.09	12.62	J
15	[12.86	J	5451.95	13.01	J
94	12.62	J	5452.93	13.01	J
98	12.62	J	5453.99	12.60	J
5417.16	[12.47	J	5454.13	12.51	J
90	[11.80	J	5458.93	13.17	J
5418.93	12.76	J	5462.97	11.89	J
5419.91	11.95	J	5463.13	11.98	J
5420.00	11.94	J	95	11.80	J
5422.99	12.76	J	5464.13	11.37	J
5423.15	12.76	J	5465.11	13.01	J
92	12.01	J	5466.12	12.47	J
5424.01	12.09	J	5469.94	12.14	J
11	12.14	J	5470.12	11.89	J
5427.01	12.93	J	95	12.54	J
11	12.93	J	5471.13	12.57	J
90	[12.47	J	93	12.67	J
5428.89	[12.47	J	5472.12	12.14	J
5429.94	13.10	J			

Beobachter: S. C. Venter

Tag	Gr.	Tag	Gr.
4512.208	11.9:	4535.243	11.2
271	11.9:	250	11.2
292	11.9:	271	11.2
4535.215	11.2	292	11.2
226	11.2	312	11.2
236	11.2		

RU Lupi

Beob.: HOFFMEISTER, visuell

Tag	Gr.	Tag	Gr.	Tag	Gr.
4232.271	10.28	4262.252	10.16	4375.589	10.43
276	10.28	4263.255	10.43	4390.563	10.10
4233.261	9.83	4264.245	10.07	4391.611	10.34
280	9.81	4265.257	10.01	4398.593	10.43
286	9.81	333	10.13	4399.536	10.43
321	9.89	4266.271	10.40	4400.539	10.43
4234.256	10.31	345	10.40	4401.572	10.28
315	10.08	379	10.40	4403.588	10.25
354	10.16	4267.280	10.52	4404.590	10.22
367	10.12	367	10.55	4405.613	10.40
4235.253	10.07	4268.290	10.06	4419.617	10.22
317	10.07	322	10.06	4420.629	10.46
403	10.08	392	9.97	4421.471	10.43
4236.260	10.08	4269.286	10.10	4422.461	10.46
317	10.09	4270.294	10.46	4425.564	10.46
417	10.07	378	10.46	4427.496	10.55
4237.258	10.11	4271.280	10.10	4431.517	10.40:
342	10.09	348	10.19	4434.640	10.49
466	10.11	4272.278	10.17	4474.342	10.34
4238.263	10.08	356	10.11	4476.392	9.98
422	10.11	4273.278	10.10	4477.386	10.34
4239.270	10.03	4274.278	10.46	4478.412	10.22
420	9.98	335	10.31	4479.631	10.16
4240.252	10.03	370	10.28	4480.414	10.31
4242.259	10.14	4275.278	10.00	4481.618	10.52
342	10.07	338	9.99	4482.410	10.52
4243.258	10.16	390	10.01	4483.360	10.34
386	10.16	4276.272	10.00	489	10.28
4244.263	10.37	4277.312	10.34:	4485.316	10.52
293	10.40	4278.267	10.22:	515	10.52
4245.266	10.25	4279.277	10.34	4486.313	9.68
322	10.31	359	10.16	4487.508	10.01
456	10.31	4295.261	10.31	648	10.16
4246.266	10.00	4296.269	10.46	4488.343	10.28
400	10.08	4297.265	10.37	452	10.16
4247.261	10.00	4298.278	10.34	644	10.28
392	10.09	4300.244	10.00	4489.410	10.40
4248.255	10.10	4301.266	10.17	490	10.46
386	10.34	4302.267	10.08	662	10.40
428	10.40	4303.277	10.46	4490.310	10.46
445	10.43	4304.259	10.37	631	10.16
466	10.43	4305.274	10.16	4491.551	10.22
4249.345	10.16	4307.301	9.86:	643	10.10
4250.377	10.37	4308.264	9.89	4492.599	10.04
4251.432	10.40	4310.258	10.34:	4493.645	10.28
4261.267	10.09	4321.258	10.16:	4494.650	10.37

Tag	Gr.	Tag	Gr.	Tag	Gr.
4500.299	10.01	4520.282	10.46	4540.477	10.46
4502.268	10.28	573	10.43	647	10.52
318	10.28	4521.249	10.43	4541.261	10.25
4503.306	10.31	621	10.43	586	9.80
390	10.22	665	10.40	603	9.74
4504.347	10.37	4522.334	10.49	646	9.80
4505.329	10.40	633	10.46	4542.251	10.16
370	10.28	4523.663	10.49	366	10.16
386	10.25	4524.673	10.40	586	10.04
452	10.25	4528.232	10.43	4543.265	10.16
529	10.31	4529.247	10.37	391	10.22
4507.349	10.37:	4530.247	10.07	606	10.40
623	10.19	306	9.92	4544.252	10.46
667	10.22	325	9.92	474	10.04
4508.300	10.04	4531.247	10.22	586	10.16
361	10.07	336	10.10	636	10.10
513	10.31	4532.252	10.16	4545.294	9.86
4509.386	10.22	331	10.37	513	9.89
576	10.16	409	10.22	612	10.01
606	10.19	4533.251	10.28	4546.258	9.98
4510.329	10.49	347	10.43	523	10.46
590	10.37	449	10.46	647	10.28
4511.359	10.67	4534.324	10.22	4547.245	10.28
424	10.61	505	10.34	519	10.52
530	10.61	4535.245	10.58	4548.333	10.16
647	10.70	310	10.58	516	10.04
4512.299	10.40	379	10.64	599	10.01
420	10.52	494	10.70	4549.526	10.16
513	10.40	542	10.31	620	10.52
594	10.46	567	10.16	4550.243	10.28
4513.322	10.46	581	10.13	558	10.46
456	10.49	4536.245	10.16	4551.246	10.25
557	10.49	302	10.10	4552.632	10.31:
663	10.46	392	10.25	4559.261	10.28
4514.488	10.34	456	10.10	4560.261	10.01
620	10.34	536	10.22	4561.267	10.22
4515.456	10.46	633	10.16	406	10.34
647	10.52	4537.249	9.92	4562.266	10.22:
4516.267	10.49	319	9.89	459	10.28
361	10.40	534	9.98	4563.252	10.58
600	10.55	631	10.01	317	10.46
658	10.52	4538.247	10.10	471	10.46
4517.278	10.46	293	10.04	4564.252	10.10
531	10.43	391	10.10	351	9.98
4518.253	10.43	597	10.28	488	9.95
638	10.46	4539.245	10.37	547	10.04
4519.271	10.37	416	10.40	4565.257	10.40
546	10.34	617	10.46	466	10.28
646	10.43	4540.247	10.52	553	10.37

Tag	Gr.	Tag	Gr.	Tag	Gr.
4566.253	10.34	4568.395	9.74	4571.383	10.28
296	10.43	468	9.74	4572.250	10.40
459	10.16	4569.250	10.22	377	10.34
555	10.22	440	10.22	475	10.52
4567.260	10.46	4570.271	9.86	4573.254	10.22
457	10.58	439	10.16	388	10.04
538	10.46	532	10.10	472	10.16
4568.263	9.83	4571.262	10.10		

RU Lupi

Beob.: Hoffmeister, photographisch

Tag	Gr.	Plattensorte	Tag	Gr.	Plattensorte
4233.275	10.26	A	4485.532	11.07	P
4235.264	10.99	A	4488.456	10.79	P
4235.307	10.94	A	4488.542	11.07	P
4235.398	10.93	A	4489.436	11.33	P
4236.311	10.88	A	4489.481	11.77	P
4237.309	10.96	A	4490.549	11.18	A
4238.274	10.83	A	4492.646	10.96	A
4238.318	10.61	A	4494.662	11.47	A
4238.412	10.56	A	4503.430	11.21	A
4240.263	10.65	A	4504.431	11.46	A
4240.309	10.93	A	4504.475	11.23	A
4242.270	10.77	A	4505.512	11.27	A
4242.314	10.88	A	4507.656	11.15	A
4243.360	11.10	A	4508.484	10.46	A
4244.321	11.21	A	4508.527	11.10	A
4245.359	11.32	P	4511.394	11.42:	A
4246.279	10.53	A	4511.483	11.41	A
4246.347	10.42	A	4512.436	11.41	A
4262.277	11.00	A	4512.567	11.30	A
4263.320	11.11	P	4513.374	11.31	A
4265.281	11.10	P	4513.418	11.39:	A
4269.302	10.99	P	4514.483	11.14	A
4272.296	11.03	P	4514.526	11.17	A
4273.312	11.05	P	4514.567	11.33	A
4295.279	11.32	A	4514.655	11.24	A
4303.276	11.38	A	4515.175	11.44	A
4398.606	11.49	A	4516.361	11.33	A
4399.606	11.28	A	4516.465	11.00	A
4404.600	10.79	A	4517.358	11.00	A
4420.573	11.63	A	4517.403	11.32	A
4421.559	11.70	A	4517.502	11.29	A
4421.609	11.83	A	4518.439	11.47	A
4431.555	11.29	A	4518.522	10.85	A
4432.614	10.15:	A	4519.554	11.29	A
4477.448	11.07:	A	4520.543	11.39	A
4477.492	11.37	A	4521.578	11.34	A
4477.544	10.36	A	4530.289	11.03	I
4479.449	10.99	A	4531.375	11.03	I
4479.491	11.07	A	4532.290	11.30	I
4479.580	11.10	A	4532.333	11.30	A
4480.536	11.15	A	4532.378	11.10	J
4480.580	10.93	A	4532.418	11.23	P
4481.482	11.60	A	4533.465	11.26	I
4482.533	11.31	A	4534.344	11.26	I
4483.442	10.99	I	4535.376	11.41	I
4483.487	11.31	A	4535.419	11.32	I

Tag	Gr.	Plattensorte	Tag	Gr.	Plattensorte
4535.463	11.29	I	4551.610	11.29	P
4535.550	11.12	I	4559.313	11.29	P
4536.294	11.00	I	4561.310	11.15	P
4536.380	11.00	I	4561.402	11.13	P
4536.423	11.21	I	4562.384	11.13	P
4536.466	11.25	I	4563.259	11.47	P
4537.329	10.77	A	4563.306	11.39	P
4537.461	10.59	A	4564.303	10.81	P
4537.591	10.46	A	4565.346	11.20	P
4538.467	11.13	A	4565.392	11.11	P
4539.293	11.27	A	4565.479	11.60	P
4539.380	11.33	A	4566.433	11.20	A
4539.553	11.43	A	4567.472	11.24	P
4540.299	11.74	A	4568.298	10.43	I
4540.427	11.39	A	4568.384	10.50	I
4540.471	11.42	A	4569.259	10.96	I
4541.384	10.60	A	4569.301	11.00	I
4541.514	10.19	A	4569.387	10.96	I
4542.293	10.76	A	4569.477	11.01	I
4542.380	10.81	A	4570.344	10.97	I
4543.341	10.79	A	4570.433	10.94	I
4544.301	11.20	A	4571.304	11.14	I
4545.383	10.36	A	4572.303	11.34	I
4545.426	10.36	A	4572.346	11.39	P
4546.419	11.10	A	4572.390	11.30	P
4547.472	11.30	A	4573.350	10.98	A
4549.504	11.06	P	4573.436	10.78	A
4549.531	11.25	P			

RU Lupi

Beob.: Jones (J), Philpott (P), Bateson (B)

Tag	Gr.	Beob.	Tag	Gr.	Beob.
4258.87	10.43	J	4449.22	10.21	J
4260.86	10.32	J	4451.23	10.40	J
4263.90	10.32	J	4454.99	10.10	J
4271.82	10.05	B	4455.23	10.20	J
85	10.08	B	4457.01	10.03	J
90	10.30	J	23	10.32	J
4274.88	10.29	J	90	10.28	J
93	10.34	J	97	10.26	J
4276.84	10.28	J	4460.16	10.18	J
88	10.28	J	23	10.82	J
90	10.43	J	4471.84	10.32	J
93	10.41	J	4472.89	10.21	J
4277.89	10.56	J	92	10.20	J
4279.89	10.38	J	95	10.20	J
4282.85	10.06	J	4477.01	10.11	J
4284.85	10.24	J	93	10.12	J
4290.87	10.22	J	96	10.12	J
4291.95	10.22	J	4478.16	10.12	J
4292.90	9.83	J	25	10.15	J
4298.88	10.28	J	92	10.24	J
4302.90	10.28	J	96	10.21	J
4309.89	10.32	J	4479.16	10.24	J
4310.87	10.42	J	24	10.40	J
4364.12	[9.63	J	4480.90	10.58	J
4370.10	10.45	J	92	10.64	J
4371.11	9.98	J	4481.18	10.59	J
4372.12	10.38	J	25	10.57	J
4373.11	10.32	J	4482.23	10.61	J
4375.12	10.12	J	94	10.23	J
4376.14	10.51	J	97	10.20	J
4385.14	10.32	J	4483.23	10.32	J
4388.08	10.26	J	88	[9.63	P
13	10.22	J	89	10.20	J
4391.13	10.20	J	94	10.18	J
4393.15	10.10	J	4484.00	10.18	J
4398.15	10.28	J	23	10.20	J
4401.13	10.21	J	91	10.21	J
4405.16	10.32	J	99	10.15	J
4406.17	10.30	J	4485.19	10.20	J
4418.19	10.17	J	25	10.22	J
4427.19	10.32	J	84	10.13	J
4431.15	10.22	J	93	9.94	J
4443.94	10.15	J	4486.18	10.01	J
4446.96	10.10	J	25	10.08	J
4447.23	10.06	J	99	10.08	J
4448.96	10.18	J	4492.84	10.32	J

Tag	Gr.	Beob.	Tag	Gr.	Beob.
4493.15	10.29	J	4535.81	10.21	J
4501.84	10.15	J	84	9.92	P
90	10.11	J	85	10.18	J
4502.92	10.15	J	87	10.02	P
98	10.18	J	98	10.15	J
4503.83	10.24	J	4536.25	10.32	J
93	10.21	J	83	10.11	P
4504.01	10.21	J	4537.81	10.03	J
27	10.32	J	87	9.94	J
87	10.11	J	98	10.01	J
4505.01	10.17	J	4538.25	10.28	J
27	10.30	J	4540.77	10.28	J
86	10.20	J	84	10.71	P
4506.02	10.08	J	85	10.23	J
24	10.20	J	87	10.57	P
99	10.21	J	4541.97	9.82	J
4507.24	10.40	J	4547.24	10.58	J
93	10.14	J	4548.11	10.32	J
4509.84	10.16	J	80	9.87	J
4511.91	10.17	J	4558.89	10.18	J
4512.86	10.21	J	4565.80	10.08	J
94	10.20	J	89	10.17	J
99	10.20	J	4566.00	10.43	J
4513.28	10.48	J	4567.79	9.96	J
84	10.58	J	90	9.90	J
90	10.20	J	99	9.90	J
96	10.17	J	4568.78	9.99	J
4514.81	10.62	J	84	10.03	J
85	10.63	J	4569.80	10.03	J
89	10.23	J	99	10.29	J
4515.25	10.46	J	4570.80	10.18	J
4517.23	10.60	J	87	10.18	J
92	10.11	J	99	10.32	J
4518.23	10.32	J	4571.80	10.23	J
4521.17	10.62	J	89	10.64	J
4529.83	[9.94	P	98	10.62	J
93	10.15	J	4572.90	10.28	J
4530.86	[10.25	P	99	10.39	J
86	10.15	J	4573.80	10.03	J
94	10.11	J	92	9.94	J
4531.97	10.18	J	4574.80	10.21	J
4532.80	10.02	J	92	10.58	J
85	[10.02	P	99	10.43	J
4533.87	9.91	P	4576.19	10.71	J
88	10.03	J	81	10.23	J
4534.81	10.18	J	92	10.64	J
84	9.97	P	99	10.66	J
89	10.19	J	4586.84	10.73	J
4535.03	10.50	J	4589.85	10.67	J

Tag	Gr.	Beob.	Tag	Gr.	Beob.
4590.82	10.15	J	4747.14	9.90	J
4596.85	10.03	J	4750.13	9.99	J
4597.80	10.20	J	4754.10	10.08	J
85	[10.02	P	4756.13	10.08	J
87	[10.02	P	4780.18	10.10	J
90	10.60	J	4787.14	10.22	J
4598.80	9.96	J	4832.20	10.28	J
83	10.19	P	98	10.03	J
4599.87	10.03	J	4833.20	9.96	J
98	9.85	J	4835.95	10.20	J
4600.00	9.87	J	4838.00	10.04	J
4604.80	10.03	J	98	10.03	J
84	9.87	J	4840.97	9.96	J
89	9.85	J	4841.92	10.56	J
4605.81	10.20	J	4847.20	10.20	J
91	[9.78	P	4848.19	10.20	J
4618.95	10.08	J	4856.90	10.40	J
4619.85	10.20	J	4864.89	9.96	J
88	[10.02	P	4866.94	10.02	J
94	10.43	J	4871.99	10.29	J
4620.82	10.63	J	4875.23	10.58	J
86	[10.02	P	4884.87	10.23	J
86	10.62	J	4887.96	10.21	J
90	10.63	J	4888.87	10.20	J
95	10.55	J	4889.95	10.18	J
4624.87	10.20	J	4893.85	9.99	J
4625.85	[10.02	P	4895.85	10.01	J
95	10.21	J	4898.85	9.96	J
4628.84	10.20	J	4903.79	10.12	J
90	[10.02	P	4905.19	10.24	J
90	9.90	J	4906.22	10.43	J
96	9.90	J	4912.82	10.20	J
99	9.96	J	4915.91	9.90	J
4629.83	10.20	J	4916.89	10.08	J
91	10.22	J	4919.84	9.99	J
4630.88	10.43	J	4920.97	9.99	J
95	10.43	J	4921.94	9.87	J
4632.93	10.32	J	4925.85	10.03	J
4633.94	10.32	J	4926.85	10.03	J
4634.85	10.15	J	4927.78	10.02	J
85	10.03	J	4928.93	9.90	J
86	10.15	P	4929.87	10.02	J
94	10.28	J	4931.89	10.30	J
4646.86	10.40	J	4945.93	10.66	J
4650.87	10.55	J	4947.97	10.67	J
95	11.05	J	4950.93	10.57	J
4652.88	10.20	J	4951.91	10.43	J
4674.87	10.01	J	4952.94	10.32	J
4746.14	9.90	J	4975.92	10.43	J

Tag	Gr.	Beob.	Tag	Gr.	Beob.
4978.95	10.43	J	5225.91	10.03	J
4979.94	10.43	J	5226.91	10.02	J
4980.92	10.28	J	5239.91	9.74	J
4982.95	10.21	J	5247.90	9.72	J
4983.90	9.94	J	5248.91	9.61	J
4984.90	9.81	J	5250.90	9.82	J
4986.93	10.30	J	5251.93	9.63	J
5002.86	10.52	J	5252.84	9.63	J
5004.91	10.43	J	5254.91	9.71	J
5007.89	10.43	J	5272.98	9.72	J
5008.85	10.23	J	5276.02	10.02	J
5009.93	10.32	J	84	9.82	J
5010.95	10.18	J	5277.82	9.63	J
5015.87	10.58	J	5280.81	9.71	J
5016.90	10.23	J	5282.92	9.73	J
5031.86	9.93	J	5284.93	9.61	J
5034.87	10.37	J	5296.87	9.87	J
5134.14	10.03	J	5298.98	9.99	J
5159.15	10.08	J	5303.95	9.68	J
5170.17	10.12	J	5304.89	9.52	J
5173.18	10.20	J	5305.82	9.72	J
5182.96	10.01	J	5306.98	10.28	J
5185.03	10.66	J	5312.93	9.61	J
5188.22	9.88	J	5330.93	9.94	J
95	9.99	J	5332.79	10.13	B
5189.97	10.52	J	85	[10.25	B
5190.95	10.20	J	5338.84	10.00	B
5192.00	10.04	J	88	10.13	B
93	10.12	J	5356.82	[10.25	B
5217.96	10.21	J	5361.92	10.27	J
5220.89	9.88	J	5368.91	10.02	J
5222.99	10.20	J	5385.88	10.28	J
5224.94	9.99	J	5389.87	9.61	J

RY Lupi

Beob.: Hoffmeister, visuell

Tag	Gr.	Tag	Gr.	Tag	Gr.
4232.280	9.85	4265.332	10.08	4400.540	10.01
4233.258	9.87	4266.270	10.05	4401.573	9.97
309	9.84	344	10.05	4403.589	10.02
4234.254	9.82	4267.279	9.99	4404.591	10.04
317	9.91	366	10.06	4405.614	10.14
355	9.92	4268.289	10.06	4419.617	10.07
4235.253	9.77	321	10.11	4420.629	10.12
317	9.87	4269.285	10.05	4421.473	10.01
403	9.89	4270.293	10.08	4422.461	9.95
4236.257	9.81	378	10.08	4425.565	9.95
317	9.84	4271.280	10.07	4427.496	9.95
416	9.81	345	10.08	4431.515	9.97
4237.257	9.84	4272.277	10.11	4434.638	10.24
342	9.87	355	10.11	4474.342	10.03
465	9.88	4273.277	10.15	4476.392	9.95
4238.262	9.84	4274.277	10.12	4477.387	10.02
422	9.86	334	10.12	4478.413	10.01
4239.270	9.87	370	10.12	4479.632	9.99
420	9.60	4275.277	10.09	4480.414	10.06
4240.252	9.87	337	10.12	4481.619	9.95
4242.259	9.91	389	10.12	4482.411	10.06
341	9.98	4276.272	10.12	4483.360	10.12
4243.257	9.88	4277.320	10.12:	4485.304	10.12
386	9.88	4278.266	10.12	4486.314	10.24
478	9.93	4279.276	10.12	4487.508	10.18
4244.262	9.78	4295.261	9.98	4488.344	10.03
292	9.85	4296.268	10.02	4489.411	10.00
4245.266	9.87	4297.264	10.12	4490.310	10.27
322	9.92	4298.277	10.07	632	10.30
454	10.05	4300.243	10.15	4491.561	9.95
4246.266	9.89	4301.265	10.06	643	9.97
399	9.98	4302.266	10.18	4492.599	9.95
4247.261	9.89	4303.277	10.12	4493.645	10.03
391	10.04	4304.278	10.12	4494.651	9.97
4248.254	9.89	4305.274	10.12	4500.299	10.18
386	9.97	4307.304	10.12	4502.268	10.15
427	10.01	4308.265	10.06	4503.306	10.18
465	10.00	4310.254	10.04	390	10.18
4249.344	10.04	4311.252	10.24:	4504.348	10.30
4250.376	9.98	4314.251	10.12:	4505.329	10.89
4251.431	9.92:	4321.257	10.06:	370	11.05
4261.266	10.12	4375.591	10.00	385	11.05
4262.251	9.98	4390.567	9.95	452	11.46
4263.255	9.99	4391.612	9.89	529	11.55
4264.244	10.01	4398.595	10.07	4507.351	11.49:
4265.256	9.93	4399.537	10.01	624	10.23

Tag	Gr.	Tag	Gr.	Tag	Gr.
4507.667	10.42	4531.337	10.03	4547.519	10.01
4508.300	10.26	4532.253	10.06	4548.250	9.98:
361	10.35	331	10.12	516	9.93
513	10.56	409	9.99	599	10.01
4509.577	11.36	4533.251	9.95	4549.526	9.88
606	11.52	348	10.00	619	9.95
4510.329	11.15	448	9.97	4550.243	9.87
591	10.53	4534.324	10.12	558	10.12
4511.360	11.05	506	9.90	4551.245	10.06
425	11.09	4535.245	9.91	4552.631	9.97
531	10.97	310	9.89	4559.261	10.18
647	11.02	379	9.93	4560.261	10.12
4512.299	11.28	494	9.95	4561.267	10.12
420	11.58	542	10.01	406	10.00
514	11.58	4536.245	9.95	4562.267	10.18:
594	11.61	393	10.06	460	10.18
4513.323	11.12	456	9.95	4563.252	10.18
456	11.19	633	9.95	316	10.18
557	10.85	4537.249	9.99	470	10.18
663	10.89	319	9.97	4564.251	10.21
4514.488	10.85	534	10.01	351	10.12
620	10.64	631	9.89	488	10.06
4515.457	10.49	4538.247	10.12	4565.257	10.30
648	10.45	391	10.12	466	10.24
4516.267	10.55	597	9.91	553	10.24
361	10.39	4539.245	9.94	4566.252	11.03
601	10.43	415	9.95	295	10.97
658	10.49	617	9.99	458	11.03
4517.273	10.60	4540.246	10.00	555	10.92
531	10.30	477	9.94	4567.259	10.76
4518.253	10.51	647	10.06	456	10.12
639	10.24	4541.251	9.97	538	10.43
4519.271	10.27	586	9.97	4568.263	10.30
546	10.24	4542.251	9.95	395	10.12
646	10.30	356	10.00	468	10.12
4520.294	10.18	586	10.01	4569.249	10.52
573	10.24	4543.265	9.97	440	10.18
4521.249	10.12	390	9.95	4570.271	10.58
621	10.18	605	10.12	439	10.15
4522.334	10.12	4544.252	10.12	532	10.12
633	10.21	474	9.97	4571.261	10.12
4523.664	10.12	586	10.06	383	10.06
4524.673	10.09	4545.294	10.00	4572.250	10.12
4528.232	10.24	513	9.89	377	9.86
4529.247	10.18	611	9.95	475	9.88
4530.247	10.18	4546.256	9.86	4573.254	10.18
306	10.18	522	9.99	388	10.24
325	10.12	646	10.12	472	10.12
4531.247	10.06	4547.245	10.01		

RY Lupi

Beob.: Hoffmeister, photographisch

Tag	Gr.	Plattensorte	Tag	Gr.	Plattensorte
4233.275	9.94	A	4511.483	10.97	A
4235.264	9.94	A	4511.527	10.97	A
4235.307	9.97	A	4512.524	11.24	A
4237.309	9.84	A	4512.567	11.57	A
4238.274	10.00	A	4513.374	10.97	A
4238.318	10.09	A	4513.608	10.77:	A
4240.263	9.97	A	4514.483	10.88	A
4240.309	9.94	A	4514.526	10.83	A
4242.270	9.98	A	4514.567	10.55	A
4242.314	9.70	A	4515.475	10.39	A
4244.321	9.83	A	4516.361	10.50	A
4246.279	9.88	A	4516.465	10.43	A
4262.277	9.90	A	4516.598	10.66	A
4398.606	10.02	A	4517.358	10.65	A
4404.600	10.13	A	4517.502	10.49	A
4420.573	10.02	A	4518.439	10.27	A
4421.559	9.80	A	4518.522	10.60	A
4421.609	9.59	A	4519.554	10.26	A
4431.555	10.19	A	4520.543	10.57	A
4432.614	10.19::	A	4530.289	9.94	I
4477.448	10.17	A	4532.290	9.97	I
4477.492	10.64	A	4532.333	10.26	I
4477.544	10.60	A	4532.378	9.97	I
4479.449	10.09	A	4532.418	10.04	P
4479.580	9.98	A	4533.465	10.05	I
4480.536	10.00	A	4534.428	9.91	I
4480.580	10.25	A	4535.376	10.23	I
4481.623	9.94	A	4535.419	10.21	I
4482.533	9.65	A	4535.463	10.27	I
4483.442	10.54	I	4536.294	10.02	I
4483.487	10.19	A	4536.380	10.18	I
4485.532	10.31	P	4536.423	10.32	I
4488.456	9.99	P	4536.466	10.05	I
4488.542	10.15	P	4537.461	9.92	A
4488.585	10.25	P	4538.467	9.91	A
4489.436	10.28	P	4538.511	9.70	A
4489.569	10.39	P	4539.293	9.99	A
4490.549	10.60	A	4539.380	10.09	A
4491.605	9.94	A	4539.508	9.97	A
4494.662	10.11:	A	4540.299	10.02	A
4503.430	9.91	A	4540.427	9.94	A
4504.431	10.58	A	4540.471	9.94	A
4505.512	11.13	A	4541.384	9.70	A
4508.484	10.41	A	4542.293	9.88	A
4508.527	10.19	A	4542.380	9.88	A
4511.394	10.76	A	4544.301	10.27	A

Tag	Gr.	Plattensorte	Tag	Gr.	Plattensorte
4544.474	9.81	A	4565.392	10.55	P
4545.383	9.70	A	4566.391	10.86:	P
4545.426	9.94	A	4566.433	11.06	P
4546.419	9.97	A	4568.298	10.32	I
4547.472	10.37	P	4568.384	10.29	I
4549.531	9.82	P	4569.259	10.46	I
4561.310	10.15	P	4569.301	10.66	I
4561.402	10.35	P	4569.387	10.54	I
4562.439	10.35	P	4570.344	10.65	I
4562.384	10.25	P	4571.304	10.31	I
4563.259	10.39	P	4572.303	10.20	I
4563.306	10.50	P	4572.346	10.07	P
4564.303	10.31	P	4572.390	10.10	P
4565.346	10.33	P	4573.350	10.24	A

RY Lupi

Beob.: JONES (J), PHILPOTT (P), BATESON (B)

Tag	Gr.	Beob.	Tag	Gr.	Beob.
4258.87	10.43	J	4448.96	10.82	J
4260.86	10.82	J	4449.22	10.64	J
4263.90	10.93	J	4451.23	10.80	J
4271.81	10.33	B	4454.99	10.31	J
84	10.35	B	4455.23	10.18	J
90	10.82	J	4457.01	10.04	J
4274.88	10.82	J	23	10.57	J
94	10.61	J	90	10.31	J
4276.85	10.33	J	97	10.18	J
88	10.20	J	4460.16	10.08	J
90	10.21	J	23	10.08	J
93	10.33	J	4471.84	10.15	J
95	10.33	J	4472.89	9.92	J
4277.89	10.36	J	92	10.08	J
4279.88	10.66	J	95	9.80	J
4282.85	10.72	J	4477.02	10.27	J
4284.85	10.82	J	93	10.08	J
4290.87	10.44	J	96	10.04	J
4291.95	11.02	J	4478.16	10.11	J
4292.90	10.35	J	25	10.64	J
4298.88	10.82	J	92	10.70	J
4302.90	10.70	J	97	10.60	J
4309.89	10.70	J	4479.16	10.70	J
4310.87	10.80	J	24	10.80	J
4364.12	10.58	J	4480.90	10.64	J
4370.10	10.64	J	93	10.50	J
4371.11	10.36	J	4481.18	9.80	J
4372.11	10.60	J	25	10.66	J
4373.11	10.70	J	4482.23	10.38	J
4375.12	10.58	J	94	10.34	J
4376.14	10.58	J	97	10.38	J
4385.14	10.74	J	4483.23	10.58	J
4388.08	10.58	J	89	9.80	J
13	10.20	J	94	9.99	J
4391.13	10.11	J	4484.00	10.18	J
4393.15	10.36	J	23	9.90	J
4398.15	10.18	J	91	10.04	J
4401.13	9.80	J	99	9.76	J
4405.16	10.04	J	4485.19	10.27	J
4406.17	9.76	J	25	10.64	J
4418.19	9.77	J	84	10.64	J
4427.19	10.20	J	93	10.70	J
4431.15	10.15	J	4486.20	10.98	J
4443.94	10.77	J	25	11.11	J
4446.96	10.64	J	99	10.20	J
4447.23	10.56	J	4492.84	10.18	J

Tag	Gr.	Beob.	Tag	Gr.	Beob.
4493.15	9.77	J	4535.81	10.08	J
4501.84	10.60	J	84	10.31	P
90	10.56	J	85	10.04	J
4502.92	9.96	J	87	10.18	P
98	9.99	J	98	9.96	J
4503.83	9.90	J	4536.25	10.31	J
93	9.92	J	84	10.33	P
4504.01	9.90	J	4537.81	9.99	J
27	10.80	J	87	10.00	J
87	10.74	J	98	9.96	J
4505.01	10.58	J	4538.25	10.33	J
27	11.37	J	4540.77	9.80	J
86	11.25	J	84	10.15	P
4506.03	11.26	J	85	9.80	J
24	11.24	J	87	10.30	P
99	10.29	J	4541.98	10.08	J
4507.24	10.85	J	4547.24	10.83	J
94	10.37	J	4548.11	10.36	J
4509.84	11.22	J	80	9.99	J
4511.91	11.22	J	4558.89	10.15	J
4512.86	11.48	J	4565.80	10.29	J
94	11.87	J	89	10.27	J
99	11.60	J	4566.00	10.31	J
4513.28	11.45	J	4567.79	10.19	J
84	10.83	J	90	10.04	J
90	10.64	J	99	10.11	J
96	10.58	J	4568.78	10.27	J
4514.81	10.50	J	84	10.19	J
85	10.36	J	4569.80	10.36	J
89	10.37	J	99	10.84	J
4515.25	10.56	J	4570.80	10.27	J
4517.23	10.38	J	87	10.20	J
92	10.20	J	99	10.21	J
4518.23	10.77	J	4571.80	9.99	J
4521.17	10.83	J	90	9.99	J
4529.83	10.11	P	98	9.88	J
93	9.77	J	4572.90	9.99	J
4530.85	9.96	P	99	10.04	J
86	9.88	J	4573.80	10.27	J
94	9.86	J	92	10.11	J
4531.98	10.29	J	4574.80	9.80	J
4532.81	9.90	J	92	10.11	J
85	10.11	P	99	10.11	J
4533.86	9.88	P	4576.19	10.18	J
89	9.77	J	81	9.96	J
4534.82	9.80	J	92	10.33	J
84	9.96	P	99	10.80	J
89	9.90	J	4586.85	10.11	J
4535.03	9.90	J	4589.85	9.96	J

Tag	Gr.	Beob.	Tag	Gr.	Beob.
4589.87	10.11	P	4634.94	10.20	J
4590.83	9.73	J	4646.86	10.15	J
4596.85	10.04	J	89	9.92	P
4597.80	9.77	J	4648.75	9.90	B
83	10.08	P	78	10.18	B
87	10.15	J	4650.84	9.96	P
90	9.99	J	87	10.31	J
4598.80	9.77	J	95	10.27	J
83	10.27	P	4652.88	10.70	J
87	10.11	P	4653.87	9.96	P
4599.87	10.19	J	4674.87	10.19	J
98	10.33	J	4688.89	10.70	J
4600.00	10.38	J	4739.11	10.04	J
4604.80	10.20	J	4746.14	10.64	J
84	9.96	J	4747.14	10.18	J
85	10.08	B	4750.13	10.11	J
85	10.08	B	4754.10	10.70	J
87	10.08	B	4756.13	9.80	J
89	10.18	B	4780.18	10.04	J
89	10.15	J	4782.19	10.04	J
90	10.08	B	4787.14	9.96	J
91	10.08	P	4831.25	10.15	J
4605.81	9.80	J	4832.20	9.80	J
4618.96	10.90	J	98	10.15	J
4619.85	10.04	J	4833.20	10.04	J
87	10.08	P	4835.95	9.73	J
94	10.34	J	4836.25	9.73	J
4620.82	10.08	J	4838.00	10.15	J
85	9.92	P	98	10.04	J
86	10.27	J	4840.97	10.08	J
90	10.20	J	4841.93	9.96	J
95	10.19	J	4846.92	9.90	J
4624.87	10.04	J	4847.20	10.04	J
4625.85	9.96	P	4848.19	10.04	J
95	10.64	J	4856.90	9.99	J
4628.84	10.44	J	4864.27	10.18	J
90	10.08	P	89	9.80	J
90	10.33	J	4866.94	10.11	J
96	10.15	J	4871.99	9.80	J
99	10.27	J	4874.28	11.42	J
4629.83	10.21	J	4875.23	10.90	J
91	10.15	J	4876.82	10.70	J
4630.88	10.19	J	4884.87	10.15	J
90	9.99	P	4887.97	10.32	J
95	10.15	J	4888.87	10.39	J
4632.93	10.18	J	4889.95	10.60	J
4633.94	10.08	J	4893.86	11.15	J
4634.85	10.27	J	4895.86	10.15	J
86	9.99	P	4898.85	10.04	J

Tag	Gr.	Beob.	Tag	Gr.	Beob.
4903.79	10.42	J	4986.93	10.72	J
4905.20	10.73	J	5002.87	10.18	J
4906.22	10.33	J	5004.91	10.70	J
4911.81	10.77	J	5007.89	10.58	J
4912.82	10.57	J	5008.85	10.44	J
4913.89	9.99	J	5009.93	10.50	J
4915.91	10.50	J	5010.95	10.14	J
4916.89	10.15	J	5015.87	10.18	J
4919.84	10.15	J	5016.91	10.70	J
4920.97	9.92	J	5019.89	10.58	J
4921.94	9.90	J	5020.85	10.60	J
4925.85	9.80	J	5021.86	10.50	J
4926.85	10.08	J	5031.86	10.11	J
4927.05	10.44	J	5034.87	10.18	J
78	10.04	J	5039.87	10.15	J
4928.93	9.80	J	5134.14	10.27	J
4929.87	9.99	J	5142.17	9.80	J
4931.89	9.92	J	5159.15	9.73	J
4945.93	10.18	J	5170.17	9.90	J
4947.97	10.33	J	5173.18	10.04	J
4950.93	10.18	J	5182.96	10.04	J
4951.91	9.90	J	5186.03	10.19	J
4952.94	9.99	J	5188.22	9.99	J
4956.91	10.31	J	95	9.80	J
4961.99	10.74	J	5189.97	9.80	J
4971.91	11.15	J	5190.95	9.80	J
4972.98	10.77	J	5192.00	10.04	J
4975.92	10.15	J	93	9.72	J
4978.95	10.96	J	5217.96	9.99	J
4979.94	10.15	J	5220.90	9.90	J
4980.92	10.20	J	5222.99	9.92	J
4982.95	10.80	J	5224.94	10.15	J
4983.90	10.15	J	5225.91	10.04	J
4984.91	10.15	J	5226.91	10.27	J
4986.82	10.79	B			

Beob.: S. C. Venter

Tag	Gr.	Tag	Gr.
4245.233	10.00	4248.285	9.77
257	10.00	337	9.77
306	10.00	4274.281	10.00
316	10.05	333	10.00
4248.236	10.05	4275.229	10.21
250	10.05		

AK Scorpii

Beob.: Hoffmeister, visuell

Tag	Gr.	Tag	Gr.	Tag	Gr.
4232.259	10.31	4246.266	10.66	4275.392	10.52
277	10.29	293	10.60	4276.272	10.67
4233.256	10.39	399	10.64	339	10.62
313	10.60	506	10.64	401	10.59
320	10.62	4247.261	10.70	4277.307	10.59
4234.253	10.49	349	10.64	405	10.62
281	10.52	4248.255	10.64	4278.266	10.64
331	10.64	386	10.64	351	10.60
354	10.64	445	10.70	4279.277	10.64
368	10.60	4249.346	10.64	377	10.64
422	10.64	4250.380	10.64	4280.289	10.68:
4235.252	10.39	446	10.66	4295.261	10.81
276	10.37	4251.439	10.66	313	10.79
351	10.55	4261.257	10.80	4296.264	10.81
401	10.57	4262.251	10.74	4297.264	10.73
4236.250	10.52	4263.251	10.95	4298.278	10.55
306	10.59	294	10.92	4300.253	10.53
415	10.64	336	10.81	4301.261	10.58
4237.256	10.50	4264.244	10.88	4302.266	10.54
359	10.66	383	10.87	4303.277	10.41
439	10.68	4265.256	10.76	4304.277	10.26
4238.262	10.69	335	10.70	327	10.25
421	10.71	403	10.76	4305.273	10.41
4239.269	10.68	4266.270	10.64	4307.263	10.35
418	10.73	348	10.64	4308.263	10.56:
4240.252	10.72	4267.279	10.73	4310.254	10.44:
473	10.64	362	10.70	4311.251	10.35:
4241.381	10.68	4268.290	10.67	4312.249	10.28:
4242.259	10.57	366	10.66	4313.254	10.30:
334	10.28	4269.280	10.67	4314.252	10.33:
349	10.28	4270.293	10.27!	4315.254	10.33:
385	10.30	333	10.42	4316.256	10.28:
424	10.31	372	10.33	4320.258	10.49
476	10.28	4271.279	10.50	4321.254	10.42
4243.256	10.43	345	10.42	4322.261	10.35
344	10.46	402	10.36	4323.255	10.35
385	10.58	4272.277	10.55	4324.258	10.25
422	10.50	355	10.56	4325.258	10.32
431	10.52	412	10.55	4326.256	10.31
477	10.43	4273.277	10.54	4327.262	10.35
4244.262	10.62	405	10.54	4328.257	10.27
297	10.63	4274.277	10.40	4329.269	10.33
367	10.63	334	10.42	4331.262	10.32
4245.264	10.55	403	10.34	4335.263	10.44
298	10.56	4275.277	10.51	4375.603	10.89
436	10.57	338	10.50	4386.610	10.56

Tag	Gr.	Tag	Gr.	Tag	Gr.
4391.615	10.62	4505.369	10.29	4536.391	10.73
4398.591	10.46	454	10.29	613	10.71
4399.570	10.35	4507.330	10.33:	4537.239	10.73
4400.588	10.21	640	10.33	624	10.64
4401.571	10.21	4508.316	10.28	4538.244	10.64
4403.587	10.25	4509.390	10.34	599	10.59
4404.591	10.25	683	10.29	616	10.59
4405.615	10.41	4510.331	10.29	4539.247	10.48
4411.581	10.41	4511.395	10.33	578	10.67
4419.560	10.59	4512.266	10.45	4540.245	10.64
4420.627	10.30	595	10.41	636	10.41
4421.508	10.30	4513.324	10.38	4541.254	10.48
4422.522	10.41	4514.493	10.73	586	10.46
4425.565	10.56	598	10.81	648	10.52
4427.563	10.54	658	10.81	4542.250	10.25
4431.540	10.47	4515.462	10.71	486	10.41
4432.605	10.50	647	10.71	4543.268	10.45
4434.638	10.45	4516.268	10.80	391	10.38
4474.361	10.48	363	10.79	608	10.32
4476.390	10.53	602	10.79	4544.253	10.40
4477.384	10.64	662	10.75	491	10.51
499	10.68	4517.274	10.62	600	10.40
4478.386	10.74	532	10.66	4545.289	10.64
596	10.81	658	10.75	587	10.77
4479.361	10.64	4518.270	10.74	4546.259	10.68
4480.400	10.36	532	10.77	525	10.82
4481.385	10.49	4519.547	10.67	632	10.78
4482.391	10.34	4520.573	10.87	4547.248	10.73
4483.360	10.28	654	10.85	603	10.67
486	10.22	4521.621	10.77	4548.250	10.74
4485.397	10.28	4522.631	10.73	516	10.63
4486.322	10.41	4523.662	10.59	4549.329	10.70
4487.510	10.46	4524.664	10.32	523	10.68
648	10.51	4528.239	10.59	4550.242	10.60
4488.360	10.46	4529.248	10.57	561	10.49
4489.484	10.80	4530.246	10.54	4551.247	10.53
662	10.70	4531.296	10.61	591	10.52
4490.327	10.63	4532.292	10.74	4552.645	10.52
632	10.64	334	10.87	4559.276	10.57
4491.561	10.35	4533.253	11.00	4560.248	10.76
4492.600	10.50	282	11.00!	4561.254	10.79
4493.645	10.60	446	10.94	4562.293	10.81
4494.648	10.61	4534.277	10.87	4563.261	11.00!
4500.302	10.48	508	10.88	402	11.06
4502.348	10.41	4535.238	10.75	4564.252	10.94
389	10.41	381	10.73	525	10.80
4503.313	10.24	578	10.72	4565.259	10.70
397	10.22	4536.244	10.73	468	10.68
4504.348	10.33	315	10.70	565	10.64

Tag	Gr.	Tag	Gr.	Tag	Gr.
4566.260	10.64	4569.257	10.64	4571.258	10.27
4567.262	10.55	483	10.64	477	10.32
469	10.54	4570.253	10.42	4572.252	10.56
4568.253	10.64	446	10.63	422	10.63
470	10.64	530	10.41	4573.257	10.62
593	10.64	603	10.32	504	10.64

AK Scorpii

Beob.: Hoffmeister, photographisch

Tag	Gr.	Plattensorte	Tag	Gr.	Plattensorte
4235.398	10.92	A	4518.439	11.40	A
4236.311	10.88	A	4521.578	11.70	A
4238.412	11.01	A	4531.375	11.14	I
4243.360	10.98	A	4532.418	10.40	P
4245.359	10.53	P	4533.465	11.27	I
4246.347	11.01	A	4534.344	11.24	I
4263.320	11.19	P	4534.472	11.19	I
4265.281	11.01	P	4535.463	10.95	P
4269.302	11.14	P	4535.550	11.10	I
4272.296	10.97	P	4536.380	10.98	I
4273.312	BG 7	P	4536.423	11.04	I
4273.312	RG 1	P	4537.329	11.30	A
4295.279	11.31	A	4537.591	11.46	A
4303.276	11.33	A	4539.380	11.06	A
4399.606	10.92	A	4539.466	11.05	A
4421.609	10.89	A	4539.553	11.67	A
4477.544	11.07:	A	4540.471	10.91	A
4479.491	10.90	A	4541.384	10.92	A
4479.580	10.94	A	4541.514	10.95	A
4480.536	10.91	A	4542.468	10.81	A
4481.482	10.95	A	4543.341	10.96	A
4481.571	11.04	A	4543.431	10.88	A
4482.533	10.86:	A	4544.432	10.99	A
4483.487	10.83	A	4545.470	11.02	A
4485.532	10.44	P	4546.465	11.15	A
4488.542	10.81	P	4549.504	10.98	P
4489.481	11.34	P	4551.610	11.04	P
4490.591	11.18	A	4559.313	11.02	P
4492.597	10.95	A	4560.353	11.04	P
4492.646	11.07	A	4561.310	11.07	P
4504.475	10.90	A	4561.402	10.95	P
4505.512	10.84	A	4562.384	11.15	P
4507.656	10.73	A	4563.394	11.18	P
4508.484	10.82	A	4565.346	10.92	P
4511.483	10.83	A	4565.392	10.93	P
4511.527	10.95	A	4565.479	10.98	P
4512.436	11.03	A	4566.349	10.92	P
4513.418	10.97	A	4567.386	10.95	P
4513.563	11.03	A	4567.472	11.10	P
4514.483	11.51	A	4569.301	11.12	I
4514.655	11.42	A	4569.477	11.13	I
4515.475	11.36	A	4570.344	10.82	P
4516.465	11.42	A	4570.433	11.06	I
4516.508	11.24	A	4571.391	10.70	I
4517.403	11.48	A	4572.303	11.10	I
4517.545	11.51	A	4573.436	11.06	A

AK Scorpii

Beob.: JONES (J), PHILPOTT (P), BATESON (B)

Tag	Gr.	Beob.	Tag	Gr.	Beob.
4258.88	10.51	J	4454.96	10.02	P
4260.86	10.66	J	98	10.85	P
4263.90	10.65	J	98	10.43	J
4268.90	10.45	J	4455.23	10.40	J
4271.82	10.28	B	94	10.35	P
85	10.12	B	4456.94	10.38	P
91	10.35	J	95	10.38	P
99	10.21	J	4457.19	10.52	J
4274.87	10.35	J	92	10.48	J
90	10.37	J	4459.92	10.35	P
4276.85	10.21	J	4460.19	10.45	J
89	10.25	J	4472.88	10.52	J
91	10.41	J	4477.95	10.77	J
93	10.30	J	4478.18	10.83	J
4277.87	10.42	J	25	10.88	J
4279.88	10.41	J	93	10.83	J
90	10.43	J	4479.17	10.83	J
4281.91	10.44	J	24	10.37	P
4282.85	10.44	J	4480.94	10.67	J
4284.85	10.43	J	4481.25	10.55	J
4290.90	10.41	J	4482.24	10.48	J
4291.89	10.47	J	97	10.48	J
4292.91	10.41	J	4483.87	10.25	P
4298.89	10.43	J	90	10.37	P
4301.87	10.29	P	94	10.43	J
4302.86	10.24	P	4484.01	10.41	J
88	10.28	P	94	10.45	J
4309.88	10.45	J	4485.26	10.43	J
4310.87	10.25	P	84	10.25	P
88	10.41	J	89	10.35	P
4320.90	10.02	J	92	10.45	J
4321.89	10.50	J	96	10.45	J
4331.89	10.48	J	4486.20	10.47	J
4332.89	10.49	J	26	10.65	J
4385.14	10.98	J	99	10.44	J
4388.12	10.45	J	4487.86	10.37	P
4391.13	10.41	J	4493.15	10.65	J
4393.14	10.28	J	4502.92	10.43	J
4398.15	10.54	J	4503.90	10.35	P
4401.13	10:29	J	4504.01	10.47	J
4406.18	10.41	J	28	10.35	J
4427.20	10.25	J	88	10.42	J
4431.20	10.45	J	4505.01	10.43	J
4447.22	10.43	J	28	10.35	J
4449.22	10.52	J	4506.02	10.41	J
4451.23	10.52	J	23	10.35	J

Tag	Gr.	Beob.	Tag	Gr.	Beob.
4506.98	10.43	J	4558.89	10.85	J
4507.24	10.43	J	4565.80	10.68	J
93	10.35	J	86	10.68	J
4509.85	10.41	J	4566.00	10.69	J
4511.93	10.23	P	4567.79	10.62	J
94	10.42	J	90	10.68	J
4512.89	10.45	J	99	10.70	J
98	10.45	J	4568.79	10.56	J
4513.27	10.35	J	85	10.56	J
85	10.60	J	4569.80	10.60	J
90	10.66	J	99	10.76	J
4514.85	10.52	J	4570.23	10.69	J
4515.25	10.52	J	81	10.49	J
83	10.43	P	90	10.43	J
89	10.40	P	99	10.20	J
4517.28	10.60	J	4571.26	10.03	J
93	10.76	J	80	10.56	J
4518.24	10.79	J	90	10.49	J
4521.17	10.76	J	96	10.56	J
26	10.38	P	4572.90	10.49	J
4529.79	10.38	P	99	10.43	J
93	10.66	J	4573.25	10.45	J
4530.79	10.42	P	80	10.69	J
95	10.82	J	4574.80	10.66	J
4531.97	10.78	J	93	10.59	J
4532.83	10.45	P	99	10.66	J
84	10.80	J	4576.19	10.62	J
4533.89	10.85	J	81	10.52	J
4534.82	10.76	J	91	10.60	J
83	10.39	P	99	10.56	J
4535.03	10.62	J	4586.85	10.66	J
81	10.79	J	4588.83	10.12	P
85	10.38	P	4589.81	10.38	P
86	10.76	J	86	10.79	J
88	10.39	P	4590.82	10.38	P
97	10.80	J	83	10.76	J
4536.25	10.80	J	4595.89	10.29	P
84	10.44	P	4596.91	10.29	P
4537.80	10.79	J	4597.80	10.68	J
87	10.76	J	83	10.35	P
98	10.76	J	87	10.29	P
4538.25	10.76	J	90	10.68	J
4540.29	10.78	J	4598.80	10.38	P
77	10.62	J	80	10.66	J
83	10.37	P	87	10.28	P
85	10.70	J	4599.87	10.49	J
87	10.38	P	4600.00	10.76	J
4548.11	10.70	J	4604.80	10.81	J
80	10.60	J	85	10.79	J

Tag	Gr.	Beob.	Tag	Gr.	Beob.
4604.89	10.81	J	4811.19	10.82	J
90	10.38	P	4818.21	10.85	J
4605.82	10.56	J	4831.23	10.90	J
87	10.29	P	4832.21	10.92	J
91	10.29	P	98	10.68	J
4617.94	10.31	P	4833.20	10.65	J
4618.88	10.38	P	4836.02	10.76	J
88	10.81	J	4838.22	10.49	J
4619.88	10.82	J	99	10.52	J
93	10.44	P	4839.20	10.56	J
4620.82	10.76	J	4840.97	10.52	J
86	10.28	P	4841.92	10.28	P
87	10.70	J	4847.15	10.60	J
95	10.81	J	4848.20	10.76	J
4624.85	10.38	P	4863.88	10.39	P
92	10.83	J	92	10.40	P
4625.85	10.29	P	96	10.66	J
92	10.80	J	4864.91	10.48	J
4627.83	10.29	P	4866.95	10.60	J
85	10.35	P	4871.97	10.42	J
4628.84	10.76	J	4875.23	10.35	J
88	10.28	P	4877.21	10.45	J
90	10.80	J	4884.89	10.43	J
99	10.62	J	4887.92	10.45	J
4629.93	10.66	J	4888.92	10.41	J
4630.86	10.28	P	4889.95	10.45	J
88	10.76	J	4893.87	10.45	J
93	10.56	J	4895.86	10.29	J
4632.94	10.66	J	4898.86	10.41	J
99	10.49	J	4905.18	10.45	J
4633.96	10.56	J	4906.22	10.81	J
4634.86	10.28	P	4912.85	10.45	J
86	10.79	J	4913.89	10.43	J
95	10.76	J	4915.92	10.43	J
4646.87	10.76	J	4919.93	10.68	J
89	10.28	P	4920.98	10.58	J
4648.79	10.25	B	4921.94	10.45	J
4650.83	10.29	P	4926.85	10.41	J
88	10.80	J	4928.94	10.45	J
95	10.76	J	4946.98	10.68	J
4652.89	10.76	J	4950.95	10.45	J
93	10.80	J	4951.90	10.66	J
99	10.79	J	4952.94	10.51	J
4653.87	10.35	P	4956.84	10.40	J
4688.90	10.94	J	4970.80	10.35	J
4754.10	10.68	J	4971.91	10.30	J
4771.13	10.53	J	4972.98	10.25	J
4779.12	10.50	J	4975.93	10.45	J
4787.12	10.48	J	4978.91	10.25	J

Tag	Gr.	Beob.	Tag	Gr.	Beob.
4979.98	10.28	J	5009.98	10.66	J
4980.89	10.24	J	5011.00	10.76	J
4983.01	10.29	J	5019.90	10.76	J
95	10.18	J	5020.87	10.66	J
4984.96	10.25	J	5037.91	10.56	J
4986.90	10.12	B	5173.18	10.64	J
92	10.43	J	5185.03	10.68	J
4992.92	10.56	J	5192.01	10.43	J
5000.82	10.35	J	5223.00	10.41	J
5002.91	10.66	J	5224.97	10.49	J
5008.97	10.66	J	5225.97	10.53	J

Beob.: S. C. Venter

Tag	Gr.	Tag	Gr.
4245.278	10.55	4274.382	10.40
312	10.48	4275.236	10.48
361	10.48	292	10.48
4248.278	10.48	4304.229	10.34
340	10.48	260	10.41
375	10.45	278	10.27
382	10.45	281	10.27
4274.292	10.40	302	10.27
333	10.40	309	10.27

50.1929 = V 350 Orionis

Beob.: HOFFMEISTER, visuell

Tag	Gr.	Tag	Gr.	Tag	Gr.
4387.492	11.86	4418.306	12.16	4489.285	12.07
514	11.86	4419.334	12.22	4490.269	12.01
4388.321	11.92	4420.389	12.37	4492.223	12.16
442	11.83	4421.301	12.31	4493.250	12.04:
4389.296	11.86	4422.383	12.34	4494.250	12.10:
4391.304	11.89	4423.349	12.40	4499.230	12.31
4392.318	11.92	4424.319	12.43	4500.229	12.10
388	11.98	4431.301	11.92	4501.254	12.01
4395.325	12.22	4450.253	12.46	4502.249	12.10
437	12.28	4457.300	11.95	4503.231	11.92
4397.312	12.22	4458.300	11.83	4504.235	11.92
412	12.28	4469.257	11.98	4510.249	11.80
4398.296	12.04	4470.259	12.04	4512.245	11.92
515	12.28	4471.256	12.10	4513.239	12.10
4399.446	12.10	4474.254	12.04	4516.240	12.10
529	12.10	4475.249	12.10	4517.250	12.16:
4400.453	12.19	295	12.10	4518.234	12.25
4401.478	12.37	4476.281	12.10	4519.242	12.22:
557	12.37	4477.272	12.16	4528.228	12.28:
4403.555	12.25	4478.254	11.92	4567.665	12.22
4407.454	12.49	4479.259	12.04	4568.663	12.28
4412.309	12.40	4480.272	12.04	4569.664	11.98:
4414.341	12.40	4481.265	12.10	4570.660	11.80
4415.314	12.37	4482.278	12.19	4571.664	11.86
439	12.31	4483.288	12.10	4572.661	11.77
4416.320	12.40	4485.291	12.16	4573.654	11.50!
4417.308	12.37	4488.279	11.98		

Y Leporis

Beob.: Hoffmeister, visuell

Tag	Gr.	Tag	Gr.	Tag	Gr.
4243.548	9.18	4297.438	9.66	4352.621	9.43:
587	9.22	4298.384	9.66	4353.287	9.39
4245.532	9.33	539	9.72	4354.328	9.45
543	9.36	4299.509	9.72	4355.307	9.44
4246.509	9.26	4300.402	9.69	4356.303	9.54
4247.523	9.28	485	9.72	4357.327	9.55
598	9.36	4302.361	9.86	4358.364	9.56
4248.513	9.42	4303.405	9.92	4359.484	9.65
4249.613	9.54	4304.383	10.01	4360.351	9.63
4250.549	9.42	4305.440	10.02	600	9.67
4251.585	9.57	4306.502	10.08	4361.565	9.70
640	9.57	4307.474	10.12	4362.326	9.67
4252.582	9.48	4308.606	10.08	601	9.70
4253.544	9.33	4309.630	10.07	4363.311	9.71
4254.556	9.42	4313.595	10.07	583	9.87
4255.606	9.24	4314.342	10.05	4364.484	9.80
4256.624	9.36	4315.610	10.13	4365.579	9.83
4257.667	9.22	4317.531	9.83:	4366.563	9.87
4267.473	9.33	621	9.96	4368.532	9.92
4268.477	9.30	4321.320	9.76	4369.460	9.92
4269.468	9.28	4322.299	9.65	4370.489	9.94
552	9.33	381	9.64	4372.508	9.92
4270.504	9.42	4323.320	9.61	4373.535	9.94
592	9.36	4324.339	9.61	4375.351	10.01
4271.496	9.36	4325.326	9.63	606	9.99
580	9.36	4326.407	9.51	4376.306	10.01
4272.493	9.48	4327.329	9.29	4378.279	10.01
4273.522	9.48	4328.318	9.19	4379.280	10.02
604	9.45	4329.371	9.29	4383.315	10.01
4274.522	9.42	4330.425	9.21	4386.347	9.82
4275.435	9.42	594	9.23	4387.333	9.87
602	9.48	4331.313	9.18	4388.435	9.75
4276.436	9.36	4334.594	9.22	4389.293	9.73
4277.444	9.36	4335.383	9.24	4392.311	9.70
627	9.33	4336.319	9.25	4395.310	9.73
4278.455	9.42	4337.339	9.20	4397.309	9.64
484	9.45	4338.339	9.16	469	9.64
642	9.42	4340.450	9.19	4398.319	9.67
4279.454	9.51	4341.301	9.20	4399.443	9.67
561	9.48	4342.330	9.19	4400.450	9.68
4280.425	9.48	4343.335	9.22	4401.464	9.68
4281.474	9.48	4344.332	9.22	4403.552	9.80
4295.384	9.57	608	9.22	4404.352	9.91
454	9.60	4345.321	9.23	4407.447	9.92
4296.374	9.63	4349.273	9.22	4412.281	9.91
4297.382	9.66	4352.285	9.30	4414.318	10.04

Tag	Gr.	Tag	Gr.	Tag	Gr.
4415.312	9.99	4475.248	9.65	4502.265	10.04
4416.319	10.01	4476.301	9.76	4503.253	10.02
4417.307	10.01	4477.288	9.83	4504.252	10.04
405	9.99	4478.255	9.88	4510.265	9.98
4418.303	10.01	4479.267	9.99	4512.245	9.99
4419.332	10.04	4480.271	10.01	4513.265	9.93:
4420.386	10.04	4481.265	10.01	4516.238	9.92
4421.325	10.04	4482.276	10.04	4517.249	9.69
4422.382	10.09	4483.286	10.01	4518.233	9.74
4423.309	10.02	4485.281	9.96	4528.216	9.62
4424.320	9.99	4488.280	9.98	4551.674	9.67
4431.296	9.76	4489.285	9.99	4553.672	9.64
4434.360	9.58	4490.279	9.98	4567.623	9.30
4450.254	9.24	4492.223	10.01	4568.637	9.40
4457.296	9.15	4493.250	9.99	4569.648	9.54
4469.258	9.59	4494.251	10.01	4570.634	9.58
4470.259	9.62	4499.229	10.02	4571.639	9.62
4471.254	9.59	4500.243	10.04	4572.629	9.58
4474.254	9.65	4501.267	10.04	4573.635	9.62

Y Leporis

Beob.: Hoffmeister, photographisch

Tag	Gr.	Plattensorte	Tag	Gr.	Plattensorte
4245.627	10.25	P	4338.397	10.17	I
4249.611	12.00	A	4353.344	12.00	A
4251.643	10.25	P	4356.393	10.74	I
4271.594	10.24	P	4361.309	12.16	A
4274.544	10.23	P	4361.439	12.30	A
4274.610	10.28	P	4363.309	12.12	A
4276.581	12.00	A	4363.441	10.98	I
4279.609	10.22	P	4366.311	12.23	A
4280.566	12.08	A	4368.411	12.24	A
4281.619	12.10	A	4387.406	12.24	A
4297.498	12.22	A	4392.376	12.23	A
4298.526	11.00	O	4398.393	11.86	A
4302.593	11.70	P	4415.317	12.23	A
4303.488	12.16	A	4416.312	12.24	A
4305.550	11.12	I	4418.348	12.09	A
4306.514	11.13	I	4420.348	12.24	A
4310.510	11.25	I	4420.434	12.17	A
4311.501	11.15	I	4421.326	12.18	A
4325.437	10.55	I	4424.323	12.18	A
4326.468	10.32	I	4424.367	12.16	A
4328.465	10.28	I	4475.263	12.13	A
4330.573	10.28	I	4480.270	12.12	A
4331.386	10.25	I	4502.255	12.12	A
4336.468	10.22	I			

Y Leporis

Beob.: Jones (J), Philpott (P), Bateson (B)

Tag	Gr.	Beob.	Tag	Gr.	Beob.
4257.22	9.81	J	4331.91	9.69	P
4258.25	9.83	J	95	9.80	P
4272.20	10.13	J	98	10.07	J
4274.18	10.15	J	98	9.70	P
22	10.07	J	4332.02	9.76	J
98	10.00	J	02	9.73	P
4275.18	10.16	J	12	10.00	J
19	10.29	J	25	9.86	J
20	10.29	J	88	9.68	P
4276.15	10.12	J	89	9.86	J
19	10.12	J	91	9.80	P
98	10.12	J	93	9.69	P
4277.00	10.12	J	95	9.83	J
17	9.77	J	96	9.71	P
19	9.94	J	4333.93	9.60	P
20	10.12	J	94	9.57	P
22	10.03	J	4334.93	9.70	P
4278.20	9.55	J	93	9.83	J
4279.19	10.30	J	95	9.60	P
4281.17	10.03	J	97	9.69	P
21	10.12	J	98	9.69	P
4282.20	10.12	J	4335.00	9.69	P
4283.13	10.03	J	10	9.77	J
4285.16	10.29	J	4336.04	9.73	J
21	10.16	J	93	9.94	J
4291.94	10.40	J	4337.13	9.90	J
4292.95	9.94	J	4338.95	9.69	P
4295.95	10.40	J	4339.00	9.65	P
4300.19	10.67	J	14	9.57	J
4302.17	10.67	J	88	9.69	P
94	10.47	J	90	9.69	P
4303.15	10.53	J	4340.89	9.71	P
17	10.53	J	92	9.56	P
4309.94	10.70	J	4346.14	9.71	J
4310.12	10.64	J	4350.92	9.71	P
18	10.67	J	4352.93	9.86	P
91	10.40	P	95	10.03	P
91	10.69	J	98	10.00	P
4318.89	10.29	J	4354.90	10.03	P
4321.87	10.14	P	96	10.14	P
97	10.19	J	4355.01	10.00	P
4322.00	10.29	J	4356.90	10.12	P
4325.96	9.97	P	96	10.03	P
4328.16	10.33	J	4358.90	10.00	P
4329.90	10.14	J	94	10.12	P
			96	10.03	P

Tag	Gr.	Beob.	Tag	Gr.	Beob.
4359.12	10.07	J	4396.99	9.97	P
4360.09	10.18	J	4397.90	10.18	P.
90	10.18	P	97	10.45	J
4362.09	10.33	J	99	10.18	P
90	10.12	P	4404.95	10.34	J
92	10.14	P	4405.95	10.41	J
94	10.12	P	4413.93	10.29	P
4363.13	10.40	J	94	10.53	J
90	10.14	P	4416.88	10.29	P
4364.00	10.14	P	95	10.36	P
00	10.32	J	4417.04	10.29	P
02	10.18	P	96	10.40	J
13	10.45	J	4421.87	10.18	P
4366.95	10.29	J	97	10.29	P
4369.90	10.34	P	4429.91	10.18	P
94	10.61	J	97	10.40	J
98	10.29	P	4430.91	10.18	J
4370.04	10.54	J	4442.98	9.85	J
13	10.53	J	4443.88	9.83	P
95	10.52	J	93	9.80	J
4371.06	10.48	J	4444.90	9.77	J
12	10.48	J	4445.85	9.83	P
4372.06	10.48	J	90	9.86	P
4373.08	10.47	J	4446.89	9.86	P
4374.94	10.55	J	93	9.65	J
4375.10	10.53	J	4447.90	9.80	P
4376.12	10.40	J	4448.92	9.74	J
4378.96	10.59	J	4449.87	9.65	J
4383.90	10.20	P	4450.88	9.80	P
97	10.29	P	91	9.77	P
4384.01	10.34	J	4452.85	9.74	P
4385.03	10.33	J	88	9.73	P
91	10.18	P	91	9.73	P
4386.00	10.41	J	4454.84	10.00	P
4387.91	10.18	P	86	9.94	J
99	10.18	P	87	9.81	P
4388.05	10.18	P	90	9.69	P
07	10.18	J	92	9.86	P
91	10.18	P	95	9.78	P
4392.94	10.18	P	4455.85	9.86	P
97	10.14	P	91	9.83	P
4393.04	10.29	P	93	9.81	P
10	10.20	J	4456.91	9.86	P
4395.91	10.18	P	91	9.81	J
95	10.14	P	93	9.97	P
99	10.18	J	95	9.97	P
4396.00	10.18	P	4457.86	9.93	J
03	10.18	P	4459.85	9.80	J
95	10.33	J	90	9.94	P

Tag	Gr.	Beob.	Tag	Gr.	Beob.
4459.91	9.81	J	4569.26	10.31	J
4471.87	10.14	J	4570.28	10.31	J
4472.83	10.23	J	4573.28	10.31	J
4475.89	9.97	P	4574.28	10.32	J
4477.83	10.41	J	4576.27	10.32	J
4478.91	10.45	J	4579.29	10.32	J
4480.83	10.34	J	4581.28	10.31	J
4481.82	10.14	J	4597.24	10.34	J
4482.85	10.55	P	4599.23	10.40	J
87	10.45	J	4611.21	10.40	J
89	10.59	P	4621.25	10.30	J
4483.82	10.34	J	4624.25	10.07	J
86	10.29	P	4628.24	9.83	J
88	10.40	P	4631.24	9.81	J
90	10.33	J	4633.20	9.81	J
4484.89	10.45	J	4634.20	9.83	J
4485.82	10.60	P	4635.22	9.83	J
85	10.38	P	4636.23	9.83	J
90	10.40	J	4638.21	9.81	J
4487.82	10.45	J	4639.16	9.81	J
83	10.29	P	4640.20	9.84	J
86	10.29	P	4641.22	9.84	J
4488.82	10.52	J	4646.97	9.80	J
4492.83	10.47	J	4651.02	9.85	J
4500.79	10.45	J	4653.03	10.32	J
4501.79	10.45	J	4655.20	10.40	J
4503.80	10.47	J	4666.19	10.50	J
86	10.50	J	4670.19	10.32	J
4504.83	10.47	J	4671.19	10.32	J
89	10.47	J	4677.89	10.00	P
4505.81	10.45	J	4678.01	10.32	J
85	10.47	J	4681.90	10.14	P
4508.83	10.20	J	94	9.86	P
4509.80	10.29	J	4687.17	10.07	J
4512.84	10.20	J	4688.96	10.32	J
4514.78	10.36	J	4689.92	10.14	P
4515.81	10.18	J	95	10.00	P
4529.77	10.14	J	4690.88	10.07	P
4530.78	9.71	J	4691.15	10.32	J
4532.78	9.86	J	4692.16	10.14	J
4534.77	10.00	J	97	10.29	J
4536.27	10.00	J	4693.16	10.04	J
4537.77	9.67	J	92	10.32	J
4538.27	9.55	J	4694.91	10.00	P
4540.28	9.74	J	95	10.04	J
4547.27	9.92	J	4697.93	10.04	J
4548.22	9.55	J	4700.16	10.18	J
4564.26	10.10	J	4703.89	10.29	P
4565.29	9.85	J	4707.89	10.14	P

Tag	Gr.	Beob.	Tag	Gr.	Beob.
4708.02	10.33	J	4863.81	9.92	J
4710.89	10.14	P	4864.84	9.80	J
94	10.34	J	4884.79	9.66	J
4711.13	10.29	J	4887.78	9.66	J
97	10.32	J	4888.79	10.07	J
4713.92	10.14	P	4889.78	10.04	J
4714.88	9.61	B	4917.27	10.66	J
90	10.03	B	4920.28	10.67	J
4715.88	10.04	B	4925.28	10.46	J
4717.88	9.92	B	4927.28	10.42	J
89	10.04	B	4931.28	10.46	J
95	10.29	B	4933.28	10.40	J
4718.89	10.45	B	4937.25	10.37	J
90	10.10	B	4950.29	9.84	J
4721.10	10.31	J	4952.28	9.86	J
4724.13	10.29	J	4953.29	9.71	J
4738.88	10.16	B	4954.28	9.92	J
92	10.07	P	4957.27	9.70	J
4739.08	10.23	J	4960.27	9.84	J
88	9.59	B	4963.27	9.86	J
4740.02	10.32	J	4980.26	10.31	J
4744.95	10.04	J	4981.25	10.31	J
4750.04	9.61	J	4983.25	10.10	J
97	9.66	J	4984.25	9.80	J
4751.99	9.61	J	4988.25	9.84	J
4753.93	9.65	P	4990.24	10.00	J
94	9.60	P	4993.24	9.84	J
4754.03	9.71	J	5005.03	9.70	J
15	9.76	J	5008.20	9.74	J
4755.97	9.81	J	5010.00	10.30	J
4770.06	9.76	J	5017.21	10.32	J
93	9.66	J	5019.21	10.34	J
4777.90	9.71	J	5023.14	10.41	J
4779.07	9.55	J	5034.92	10.62	J
4782.95	9.80	J	5037.18	10.36	J
99	10.03	B	5040.18	10.17	J
4786.93	9.92	J	5045.92	10.18	J
4796.97	10.04	J	5053.17	10.14	J
4797.98	9.92	J	5059.91	9.81	J
4800.97	10.10	J	5067.15	9.55	J
4812.92	9.92	J	5069.09	9.71	J
4817.91	9.55	J	5075.96	10.29	J
4831.87	9.92	J	5077.97	10.10	J
4835.91	9.99	J	5090.99	10.50	J
4838.83	10.29	P	5103.01	10.52	J
4840.82	9.92	J	5105.02	9.80	J
4841.89	10.10	J	5111.07	9.80	J
4854.81	10.14	J	5113.14	9.92	J
4856.81	10.10	J	5126.97	10.14	J

Tag	Gr.	Beob.	Tag	Gr.	Beob.
5136.99	10.31	J	5186.86	10.04	J
5151.93	9.74	J	5187.92	9.99	J
5156.94	9.66	J	5191.96	10.14	J
5162.90	9.86	J	5192.91	10.18	J
5165.87	9.83	J	5209.86	9.92	J
5169.93	9.81	J	5216.80	10.10	J
5181.85	9.79	J	5220.86	9.84	J
5184.86	9.81	J	5222.81	9.70	J

Beob.: S. C. Venter

Tag	Gr.	Tag	Gr.
4273.479	9.65	4276.479	9.90
490	9.65	500	9.80
505	9.65	515	9.85
521	9.65	538	9.85
531	9.65	4304.278	10.12
542	9.65	295	10.21
4276.354	9.60	309	10.12
382	9.76	333	10.21
417	9.76	354	10.21
458	9.80		

S 4799 Phoenicis

Beob.: Hoffmeister, visuell

Tag	Gr.	Tag	Gr.	Tag	Gr.
4265.298	9.34	4278.654	9.28	4305.276	9.40
332	9.25	4279.285	9.37	332	9.34
387	9.34	366	9.34	444	9.34
425	9.25	607	9.28	4306.254	9.25:
4266.285	9.34	4280.297	9.28	304	9.25
324	9.28	429	9.28	529	9.34
434	9.31	461	9.28	601	9.25
4267.303	9.28	4281.488	9.40	4307.272	9.28
355	9.25	513	9.37	504	9.28
483	9.25	610	9.22	4308.281	9.31
513	9.22	4295.343	9.31	611	9.34:
4268.310	9.37	373	9.31	4309.631	9.28
354	9.34	407	9.31	4310.271	9.34
481	9.28	442	9.31	232	9.34
4269.300	9.28	4296.297	9.25	463	9.40
395	9.28	413	9.31	493	9.34
541	9.28	473	9.31	613	9.28
4270.294	9.31	4297.285	9.52!	4311.260	9.34
410	9.31	303	9.52	493	9.28
512	9.28	316	9.52	4312.259	9.37
589	9.28	327	9.52	343	9.34
4271.289	9.31	345	9.43	563	9.31
355	9.28	359	9.34	620	9.25
501	9.28	370	9.37	4313.266	9.37
569	9.31	412	9.34	340	9.37
4272.276	9.31	422	9.34	543	9.28
386	9.34	483	9.31	617	9.31
600	9.31	4298.282	9.34	4314.265	9.37
4273.287	9.34	416	9.31	601	9.28
371	9.31	546	9.22	4315.264	9.31
596	9.31	4299.326	9.28	586	9.34
4274.290	9.28	507	9.34:	4316.279	9.31
392	9.31	4300.307	9.25	636	9.31
532	9.31	4301.269	9.28	4317.527	9.34:
605	9.22	4302.271	9.28	620	9.28
643	9.25	317	9.28	4319.354	9.31
4275.285	9.34	580	9.34	4320.270	9.31
419	9.22	4303.280	9.34	4321.278	9.34
597	9.28	428	9.31	4322.302	9.28
4276.282	9.28	533	9.34	4323.296	9.34
628	9.28	583	9.34	4324.304	9.34
4277.412	9.22	4304.281	9.22	454	9.34
491	9.25	356	9.28	4325.320	9.28
618	9.28	595	9.22	455	9.34
4278.330	9.25	597	9.19	4326.479	9.31
473	9.31	609	9.22	4327.467	9.31

Tag	Gr.	Tag	Gr.	Tag	Gr.
4328.304	9.34	4364.465	9.25	4414.343	9.25:
520	9.22	4365.448	9.25	4415.289	9.16
535	9.28	4366.480	9.28	351	9.22:
4329.345	9.28	4368.439	9.43	4416.295	9.25
4330.436	9.28	469	9.31	4417.294	9.28
567	9.25	535	9.31	4418.309	9.31
4331.277	9.34	4369.453	9.22	338	9.19
426	9.34	483	9.22	353	9.19
4334.440	9.34	4370.482	9.28	4419.286	9.22
555	9.28	525	9.31	318	9.25
4335.527	9.28	4372.354	9.25	349	9.19
569	9.28	503	9.25	374	9.13
597	9.22	4376.303	9.40!	393	9.19
4336.428	9.22	350	9.40	4420.289	9.16
549	9.22	4378.280	9.34	323	9.19
4337.423	9.28	331	9.28	349	9.16
532	9.28	4383.321	9.31	376	9.19
4338.451	9.28	4386.355	9.31	4421.280	9.22
576	9.28	4387.306	9.22	371	9.22
4340.451	9.31	384	9.22	4422.287	9.19
4341.323	9.28	426	9.22	310	9.19
585	9.28	468	9.19	326	9.19
4342.540	9.31	4388.296	9.28	4423.371	9.25
4343.555	9.28	337	9.31	4424.289	9.25
4344.585	9.28	427	9.22	329	9.22
4349.366	9.31	438	9.19	331	9.25
4353.359	9.22	458	9.22	4492.652	9.31
405	9.22	4391.299	9.25:	4493.658	9.28
4354.390	9.31	4392.310	9.28	4494.655	9.31
444	9.28	375	9.28	4507.636	9.28
4355.351	9.34	4395.297	9.25	4509.647	9.19
4356.434	9.34	329	9.25	4510.606	9.22
462	9.31	354	9.25	624	9.22
4357.439	9.25	424	9.22	4511.660	9.25
472	9.28	4397.295	9.28	4512.651	9.19
4358.362	9.28	370	9.34	4513.663	9.10
4359.412	9.28	412	9.37:	4514.612	9.28
4360.403	9.25	445	9.40:	4515.658	9.25
4361.426	9.16!	4398.301	9.04!	4516.640	9.25
442	9.13	315	9.13	656	9.22
465	9.13	330	9.10	4517.617	9.25
497	9.16	360	9.16	659	9.22
559	9.22	418	9.16	4518.597	9.28
4362.340	9.31	4399.330	9.31	662	9.46!
451	9.22	415	9.28	4519.613	9.16
469	9.25	4400.342	9.28	654	9.19
4363.381	9.25	437	9.31	4520.588	9.28
444	9.25	4401.308	9.22	649	9.25
4364.443	9.22	4404.351	9.25	666	9.25

Tag	Gr.	Tag	Gr.	Tag	Gr.
4521.611	9.22	4544.632	9.22	4565.498	9.22
654	9.22	4545.519	9.25	554	9.19
669	9.28	633	9.22	601	9.19
4522.594	9.25	666	9.25	4566.454	9.25
672	9.22	4546.509	9.34	497	9.25
4523.629	9.22	624	9.16	587	9.22
679	9.28	656	9.19	4567.482	9.16
4524.655	9.28	4547.526	9.28	539	9.19
676	9.28	594	9.37	630	9.22
4534.532	9.46!	4548.523	9.19	4568.463	9.25
537	9.49	603	9.10	613	9.25
4535.555	9.28	658	9.22	673	9.28
4536.582	9.19	4549.525	9.25	4569.489	9.25
4537.591	9.22	667	9.19	654	9.22
664	9.22	4550.567	9.22	664	9.19
4538.632	9.19	633	9.10	4570.493	9.16
657	9.16	651	9.13	519	9.19
4539.532	9.28	662	9.13	587	9.19
627	9.25	4551.594	9.19	663	9.19
4540.575	9.28	633	9.16	4571.465	9.31
4541.593	9.22	663	9.19	607	9.25
661	9.19	4552.630	9.22	651	9.22
4542.534	9.28	678	9.19	4572.480	9.28
598	9.22	4553.675	9.16	499	9.25
637	9.22	4563.485	9.28	669	9.22
661	9.22	4564.475	9.31	4573.471	9.25
4543.606	9.31	513	9.16	544	9.16
656	9.25	523	9.16	613	9.22
4544.579	9.22	532	9.16		

S 4799 Phoenicis

Beob.: Hoffmeister, photographisch

Tag	Gr.	Plattensorte	Tag	Gr.	Plattensorte
4238.506	9.80	A	4354.298	9.79	A
4242.451	9.82	A	4355.298	10.05	I
4242.547	9.80	A	4356.299	9.82	I
4243.449	9.75	A	4357.392	9.75	I
4243.493	9.75	A	4360.321	9.82	A
4245.500	9.82	P	4361.392	9.82	A
4245.589	9.92	P	4362.310	9.75	A
4246.543	9.78	A	4363.350	9.81	I
4248.531	9.81	P	4364.392	9.79	A
4250.460	9.81	A	4365.323	9.93	A
4250.591	9.82	P	4365.409	9.80	A
4252.489	9.97	P	4366.350	9.81	A
4266.409	9.82	P	4387.314	9.75	A
4267.444	9.81	P	4388.305	9.87	A
4268.550	9.89	P	4395.341	9.82	A
4269.459	9.82	P	4418.300	9.83	A
4269.508	9.78	P	4419.299	9.84	A
4270.532	9.87	P	4422.306	9.75	A
4271.442	9.80	P	4509.650	9.77:	A
4272.464	9.81	P	4512.647	9.84	A
4272.536	9.84	P	4517.658	9.75	A
4275.485	9.84	P	4520.658	9.86	A
4276.424	9.81	P	4523.650	9.80	A
4277.420	9.81	P	4537.651	9.82	A
4280.444	9.75	P	4538.637	9.78	A
4280.511	9.81	A	4539.642	9.81	A
4295.390	9.75	A	4540.595	9.78	A
4295.443	9.82	A	4541.643	9.78	A
4297.398	9.86	I	4542.644	9.78	A
4298.348	9.78	A	4543.644	9.79	A
4298.405	9.75	I	4544.600	9.80	A
4300.389	9.95	P	4545.598	9.81	A
4302.368	9.79	A	4546.647	9.84	P
4304.389	9.82	I	4547.600	9.86	P
4305.394	9.75	I	4551.652	9.78	P
4307.336	9.90	A	4552.646	9.79	P
4310.468	9.95	I	4565.563	9.82	P
4324.284	9.81	I	4565.609	9.84	P
4324.379	9.80	I	4567.556	9.78	P
4325.288	9.84	I	4568.606	9.82	I
4327.388	9.79	I	4568.651	9.75	I
4334.360	9.84	I	4569.520	9.82	I
4334.404	9.78	I	4569.653	9.82	I
4334.448	9.78	I	4570.562	9.79	I
4335.341	9.79	I	4571.519	9.78	I
4336.380	9.78	I	4572.519	9.78	P
4337.295	9.84	I	4573.564	9.78	I
4337.427	9.81	I	4573.650	9.79	I
4353.297	9.75	A			

S 4800 Phoenicis

Beob.: Hoffmeister, visuell

Tag	Gr.	Tag	Gr.	Tag	Gr.
4265.297	10.06	4279.366	10.05	4313.618	10.04
331	10.06	607	10.00	4314.602	10.02
389	10.10	4280.429	10.09	4315.586	10.02
425	10.11	461	10.02	4320.271	9.98
4266.286	10.00	4281.488	10.04	4321.278	9.96
325	10.04	4295.344	10.13	4322.302	10.02
435	10.00	375	10.25	4323.296	10.04
4267.303	9.98	408	10.22	4324.304	10.00
356	10.00	442	10.28	454	10.00
482	10.04	4296.298	10.14	4325.321	9.98
514	10.00	414	10.25	4326.479	10.05
4268.310	9.98	4297.286	10.28	4327.467	10.00
355	10.00	413	10.22	4328.305	9.99
482	10.00	4298.282	10.05	520	10.00
4269.300	10.00	416	10.13	4329.346	10.13
395	10.04	546	10.14	4330.437	10.16
541	10.07	4300.307	10.28	567	10.10
4270.294	10.04	4301.270	10.16	4331.277	10.00
410	10.00	4302.272	10.05	426	10.00
512	10.04	318	10.16	4334.440	10.04
589	10.04	580	10.14	555	10.04
4271.289	10.04	4303.281	10.09	4335.528	10.06
356	10.04	429	10.04	570	10.19
501	10.04	584	10.02	598	10.19
570	10.04	4304.281	10.07	4336.428	10.14
4272.277	10.00	357	10.14	549	10.16
386	10.04	597	10.05	4337.424	10.25
601	10.04	4305.277	10.14	533	10.16
4273.288	10.04	334	10.10	4338.452	10.16
372	10.00	4306.304	10.00	576	10.16
596	10.04	529	10.10	4340.452	10.16
4274.291	9.98	602	10.04	4341.323	10.16
393	9.98	4307.272	10.10	585	10.22:
533	10.00	505	10.10	4342.541	10.16
605	10.00	4308.291	10.00	4343.555	10.13
4275.285	10.00	4309.631	10.16	4344.585	10.16
419	10.02	4310.272	10.10:	4353.359	10.04
598	9.98	333	10.09	4354.391	10.04
4276.282	10.00	463	10.02	4355.352	10.98
628	10.00	613	9.99	4356.434	10.02
4277.413	9.98	4311.261	10.06	462	10.02
619	10.14	493	10.00	4357.439	10.02
4278.331	10.00	4312.259	10.06	4358.362	9.98
474	10.04	563	10.02	4359.412	9.98
654	10.04	620	10.05	4360.403	10.04
4279.285	10.04	4313.544	10.04	4361.426	9.98

Tag	Gr.	Tag	Gr.	Tag	Gr.
4362.340	9.98	4419.394	10.10	4540.575	9.80
4363.381	10.00	4420.289	10.10	4541.593	9.93
4364.443	10.00	323	10.10	661	9.93
4365.449	9.99	349	10.10	4542.534	9.92
4366.480	10.00	4421.281	10.05	598	9.95
4368.439	10.04	371	10.10	637	10.00
4369.454	10.16	4422.287	10.10	661	9.98
485	10.07	310	10.10	4543.606	9.96
4370.482	10.04	4423.371	10.10	657	9.91
4372.354	10.02	4424.289	10.08	4544.579	9.99
503	10.02	329	10.08	632	9.99
4376.303	10.00	4492.653	10.00	4545.519	10.04
4378.280	10.04	4493.659	10.04	633	10.00
4383.322	10.05	4494.655	10.04:	666	10.04
4386.355	10.04	4507.637	10.06	4546.509	9.91
4387.306	10.04	4509.647	10.00	624	9.86
384	10.16	4510.606	9.98:	656	9.91
427	10.10	624	9.95	4547.526	9.93
469	10.16	4511.662	10.04	594	9.92
4388.297	10.13	4512.651	9.98	4548.524	9.94
337	10.16	4513.664	10.02	603	9.98
427	10.16	4514.612	10.00	658	10.10
438	10.13	4515.654	10.00	4549.525	10.00
4391.300	10.07	4516.640	9.87!	667	9.98
4392.310	10.05	656	9.92	4550.507	9.92
375	10.05	4517.617	10.00	633	9.92
4395.297	10.22	660	9.95	662	10.00
330	10.16	4518.598	10.00	4551.594	10.00
354	10.16	662	10.02	633	10.00
424	10.10	4519.613	9.98	663	10.00
4397.295	10.08	654	9.99	4552.631	10.00
371	10.08	4520.589	9.98	678	10.00
4398.302	10.06	649	9.98	4553.675	10.04
360	10.08	666	10.00	4563.485	9.99
4399.331	10.22	4521.611	9.98	4564.475	10.00
415	10.19	651	9.93	513	10.00
4400.339	10.22	4522.595	9.98	4565.498	10.02
338	10.22	672	9.98	554	10.03
4401.308	10.22	4523.629	9.96	601	10.00
4415.289	10.06	4524.655	9.83	4566.497	10.00
4416.296	10.06	676	9.86	587	9.99
4417.294	10.05	4535.555	9.98	4567.482	9.98
4418.310	10.05	4536.582	9.92	539	9.99
338	10.06	4537.591	10.00	630	9.92
4419.286	10.08	664	10.00	4568.464	9.99
318	10.16	4538.632	9.98	613	10.00
349	10.16	657	9.98	673	10.00
375	10.07	4539.626	9.93	4569.489	10.00

Tag	Gr.	Tag	Gr.	Tag	Gr.
4569.654	10.11	4570.663	10.05	4572.669	9.98
664	10.06	4571.465	10.02	4573.471	9.95
4570.493	9.98	607	10.02	544	10.00
519	10.00	651	10.00	613	10.00
587	10.02	4572.480	10.00		

S 4800 Phoenicis

Beob.: Hoffmeister, photographisch

Tag	Gr.	Plattensorte	Tag	Gr.	Plattensorte
4238.506	11.49	A	4354.298	11.23	A
4242.451	11.25	A	4355.298	10.85	I
4242.547	11.40	A	4356.299	10.92	I
4243.449	11.30	A	4357.392	10.75	I
4243.493	11.46	A	4360.321	11.15	A
4245.500	10.92	P	4361.392	11.15	A
4245.589	10.89	P	4362.310	11.21	A
4246.543	11.34	A	4363.350	10.75	I
4248.531	10.85	P	4364.392	11.21	A
4250.460	11.33	A	4365.323	11.21	A
4250.591	10.91	P	4365.409	11.17	A
4252.489	10.81	P	4366.350	11.27	A
4266.409	10.91	P	4387.314	11.40	A
4267.444	10.77	P	4388.305	11.15	A
4268.550	10.87	P	4395.341	11.22	A
4269.459	10.92	P	4418.300	11.34	A
4269.508	10.71	P	4419.299	11.20	A
4270.532	10.77	P	4422.306	11.34	A
4271.442	10.77	P	4512.647	11.22	A
4272.464	10.82	P	4517.658	11.40:	A
4272.536	10.87	P	4519.644	11.13	A
4275.485	10.77	P	4520.658	11.34	A
4276.424	10.86	P	4523.650	11.21	A
4277.420	10.83	P	4537.651	11.33	A
4280.444	10.83	P	4538.637	11.15	A
4280.511	11.27	A	4539.642	11.22	A
4295.390	11.52	A	4540.595	11.36	A
4295.443	11.40	A	4541.643	11.20	A
4297.398	11.27	J	4542.644	11.13	A
4298.348	11.40	A	4543.644	11.21	A
4298.405	11.23	P	4544.600	11.26	A
4300.389	11.03	P	4545.598	11.19	A
4302.368	11.46	A	4546.647	10.84	P
4304.389	11.03	J	4547.600	10.82	P
4305.394	11.14	P	4551.652	10.74	P
4307.336	11.22	A	4552.646	10.81	P
4310.468	11.03	I	4565.563	10.77	P
4324.284	10.77	I	4565.609	10.81	P
4324.379	10.88	I	4567.556	10.76	P
4325.288	10.94	I	4568.606	10.77	I
4327.388	10.95	I	4568.651	11.17	I
4334.360	10.98	I	4569.520	10.92	I
4334.404	10.89	I	4569.653	10.89	I
4334.448	11.03	I	4570.562	10.85	I
4335.341	10.98	I	4571.519	10.87	I
4336.380	11.03	I	4572.519	11.00	P
4337.295	11.03	I	4573.564	11.01	I
4337.427	11.05	I	4573.650	10.94	I
4353.297	11.33	A			

S 4801 Phoenicis

Beob.: Hoffmeister, visuell

Tag	Gr.	Tag	Gr.	Tag	Gr.
4265.303	10.21	4279.367	10.25	4323.297	10.34
333	10.21	607	10.28	4324.305	10.31
394	10.32	4280.430	10.22	4325.321	10.28
426	10.28	4281.489	10.22	4326.480	10.37
4266.287	10.21	4295.346	10.74!	4327.468	10.52
327	10.24	377	10.82	4328.306	10.46
435	10.25	410	10.84	520	10.52
4267.308	10.24	444	10.81	4329.347	10.55
360	10.26	4296.301	10.76	4330.437	10.58
484	10.39	421	10.75	567	10.59
514	10.36	4297.287	10.72	4331.278	10.59
4268.312	10.31	414	10.74	426	10.57
355	10.30	4298.283	10.57	4334.441	10.76
483	10.40	421	10.67	555	10.80
4269.300	10.33	548	10.64	4335.528	10.82
396	10.35	4300.308	10.59	4336.429	10.82
542	10.33	4301.271	10.55	550	10.85
4270.294	10.37	4302.273	10.40	4337.425	10.82
411	10.26	319	10.40	533	10.85
513	10.28	581	10.43	4338.460	10.67
590	10.26	4303.282	10.54	577	10.64
4271.289	10.38	430	10.40	4340.453	10.57
357	10.33	4304.283	10.43	4341.324	10.55
501	10.33	359	10.37	586	10.55
571	10.25	598	10.37	4342.542	10.60
4272.278	10.33	4305.277	10.46	4343.555	10.63
387	10.32	4306.304	10.34	4344.586	10.55
602	10.25	530	10.34	4353.359	10.43
4273.289	10.34	602	10.34	4354.391	10.37
373	10.36	4307.273	10.28	4355.352	10.34
597	10.34	4309.215	10.34	4356.435	10.43
4274.292	10.33	4310.272	10.31	4357.439	10.40
394	10.36	333	10.28	4358.368	10.40
535	10.25	464	10.28	4359.412	10.43
607	10.36	613	10.31	4360.404	10.46
4275.286	10.30	4311.261	10.28	4361.427	10.40
419	10.26	494	10.31	4362.341	10.40
598	10.23	4312.563	10.34	4363.382	10.46
4276.283	10.28	620	10.31	4364.444	10.46
629	10.34	4313.544	10.28	4365.449	10.40
4277.414	10.34	618	10.28	4366.480	10.46
624	10.34	4314.602	10.28	4368.439	10.40
4278.332	10.28	4315.586	10.28	4369.455	10.46
475	10.25	4320.271	10.22	4370.483	10.43
655	10.25	4321.279	10.22	4372.354	10.40
4279.285	10.22	4322.303	10.28	503	10.40

Tag	Gr.	Tag	Gr.	Tag	Gr.
4378.283	10.81	4424.330	10.77	4544.633	10.34
4383.323	10.82	4509.648	10.46	4545.633	10.33
4386.355	10.79	4510.625	10.45	4546.656	10.34
4387.307	10.65	4511.663	10.52	4547.594	10.28
384	10.67	4512.651	10.51	4548.603	10.34
427	10.67	4513.664	10.57	4549.667	10.37
4388.298	10.57	4514.613	10.58	4550.567	10.37
380	10.59	4515.659	10.57	4551.594	10.36
4392.310	10.55	4516.640	10.57	4552.631	10.49
4395.298	10.49	4517.617	10.57	4553.676	10.59
424	10.46	4518.598	10.57	4563.486	10.70
4397.296	10.52	4519.613	10.52	4564.513	10.61
4398.303	10.36	4520.589	10.49	4565.555	10.54
4399.415	10.34	4521.612	10.52	602	10.55
4400.344	10.32	4522.595	10.52	4566.498	10.55
4401.309	10.29	4523.629	10.49	588	10.52
4415.289	10.55	4524.655	10.46	4567.631	10.55
4416.296	10.58	4535.556	10.34	4568.613	10.55
4417.294	10.60	4536.582	10.43	4569.655	10.55
4418.310	10.61	4537.591	10.37	4570.520	10.49
4419.286	10.61	4538.633	10.34	587	10.49
4420.289	10.64	4339.626	10.36	4571.607	10.39
4421.281	10.67	4540.575	10.34	651	10.37
4422.311	10.75	4541.593	10.28	4572.481	10.43
4423.371	10.74	4542.635	10.31	669	10.40
4424.290	10.80	4543.607	10.31	4573.614	10.39

S 4801 Phoenicis

Beob.: Hoffmeister, photographisch

Tag	Gr.	Plattensorte	Tag	Gr.	Plattensorte
4238.506	11.92	A	4325.288	11.33	I
4242.547	11.80	A	4327.388	11.33	I
4243.493	12.07	A	4334.360	11.79	I
4245.500	11.24	A	4334.404	11.80	I
4245.589	11.33	P	4335.341	11.73	I
4246.543	12.22	A	4336.380	11.83	I
4248.531	11.29	P	4337.295	11.65	I
4250.591	11.62	P	4353.297	11.65	A
4252.489	11.29	P	4354.298	11.67	A
4267.444	10.84	P	4356.299	10.89	I
4268.550	11.02	P	4357.392	10.98	I
4269.459	10.96	P	4360.321	11.71	A
4269.508	10.80	P	4362.310	11.56	A
4270.532	10.96	P	4363.350	11.17	I
4271.442	10.74	P	4365.323	11.57	A
4272.464	10.90	P	4365.409	11.62	A
4272.536	10.93	P	4387.314	11.73	A
4275.485	10.92	P	4418.300	11.75	A
4277.420	10.96	P	4422.306	11.98	A
4280.444	11.17	P	4517.658	11.98::	A
4280.511	11.70	A	4520.658	12.04:	A
4295.390	12.13	A	4539.642	11.73	A
4295.443	11.81	A	4541.643	11.62	A
4297.398	11.52	I	4543.644	11.65	A
4298.348	11.98	A	4545.598	11.67	A
4298.405	11.26	I	4551.652	11.26	P
4300.389	11.04	P	4565.609	11.32	P
4304.389	11.29	I	4568.606	11.29	I
4305.394	11.29	I	4568.651	11.32	I
4310.468	11.34	I	4569.653	11.32	I
4324.284	11.04	I	4570.562	11.34	I
4324.379	11.14	I	4573.650	11.20	I

Plattensorten: A = Astro, blauempfindlich
I = Isochrom oder gleichwertige Platte
P = Passchromatisch

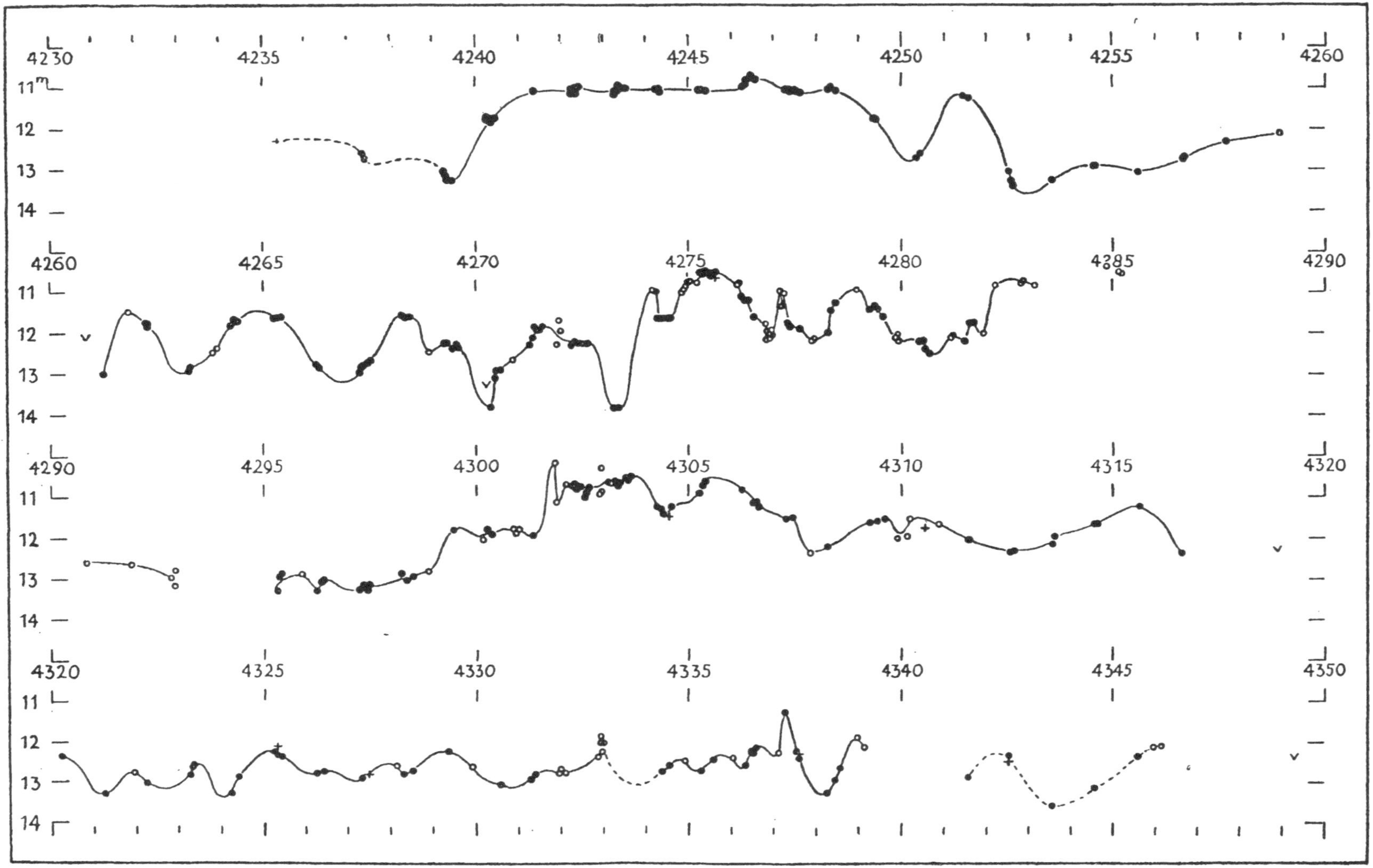

● Hoffmeister visuell ○ Jones, Philpott, Bateson, Venter visuell + photographisch

Tafel 1 T Chamaeleontis

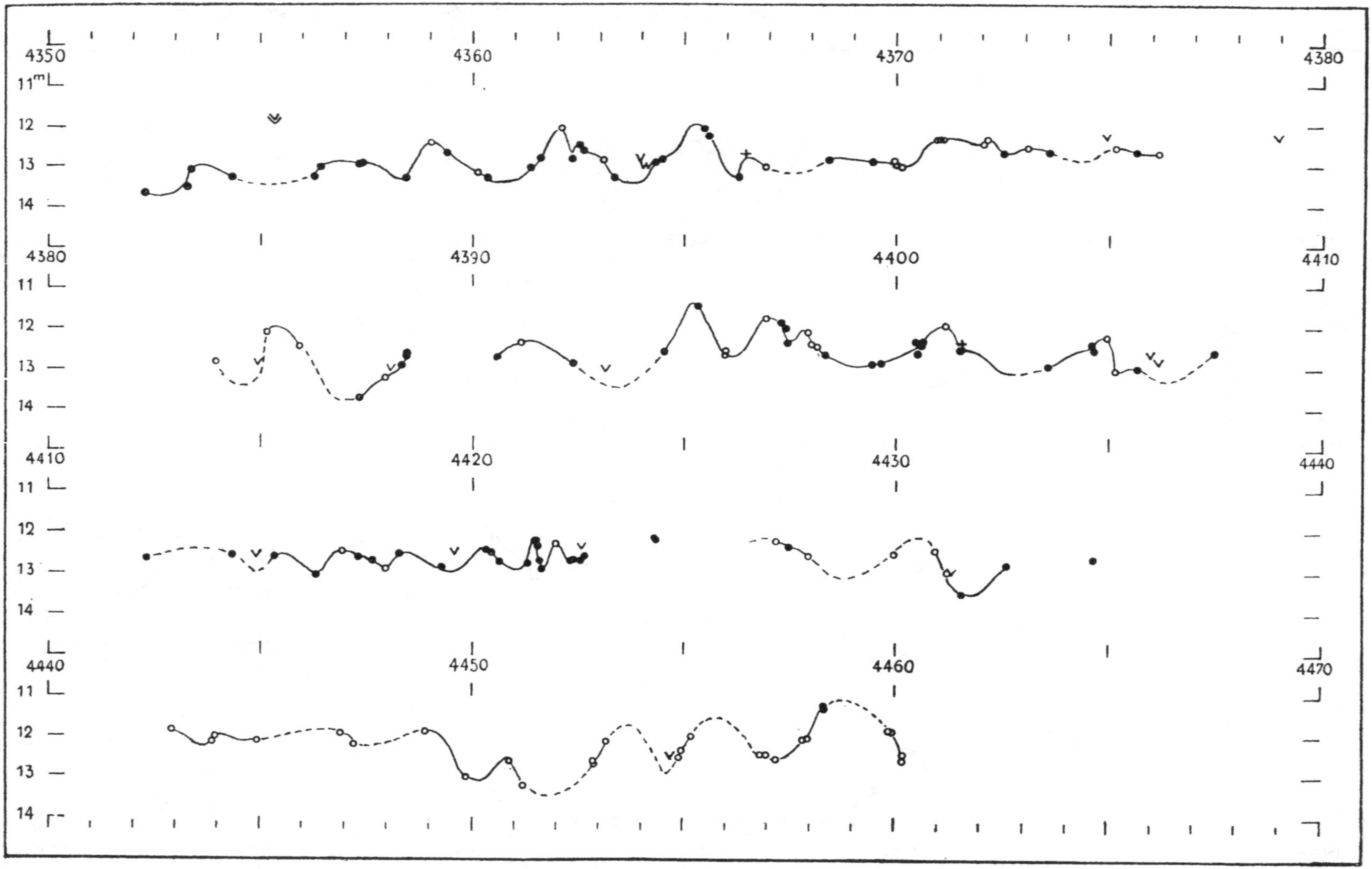

Tafel 2 T Chamaeleontis

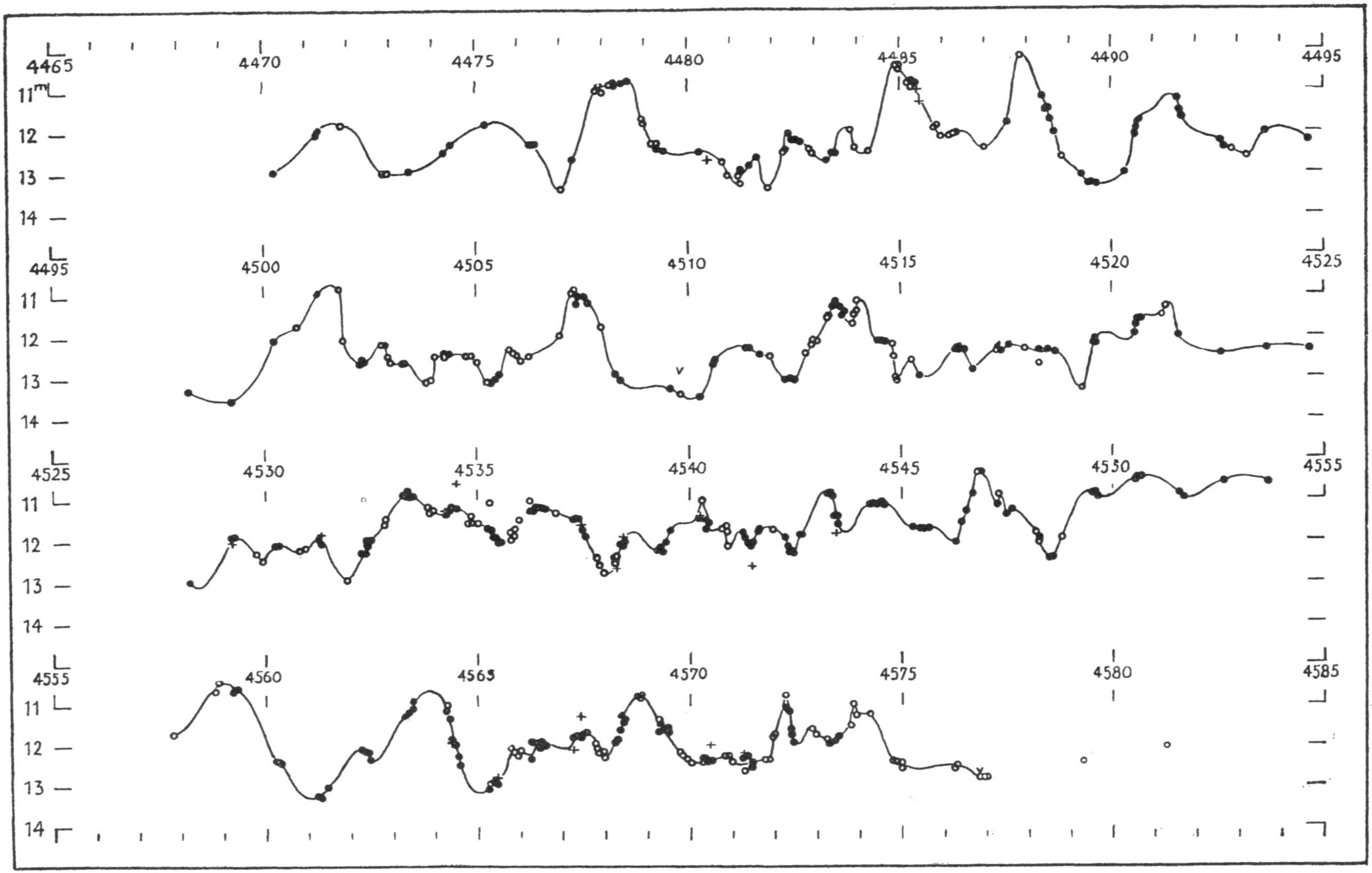

Tafel 3 T Chamaeleontis

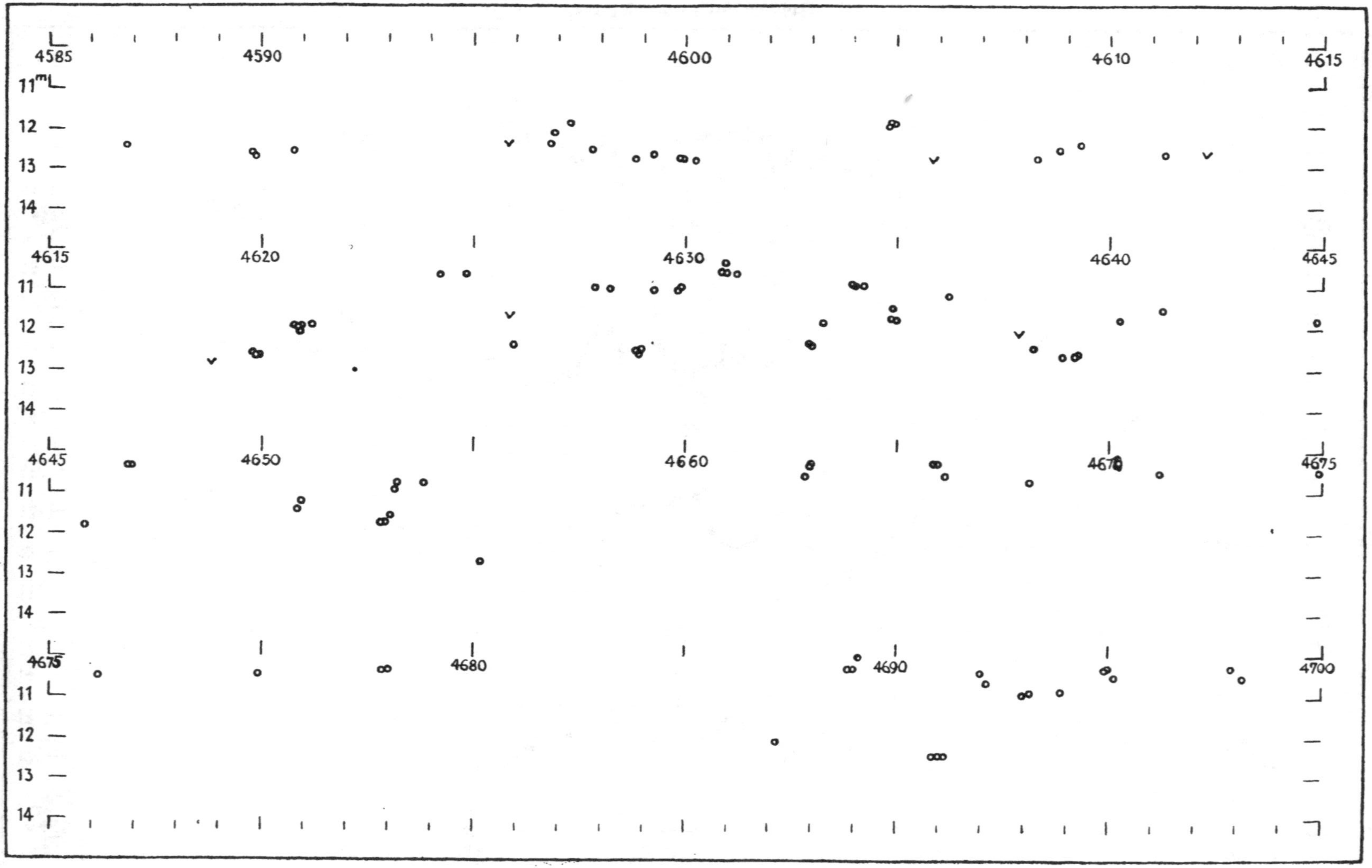

Tafel 4 T Chamaeleontis

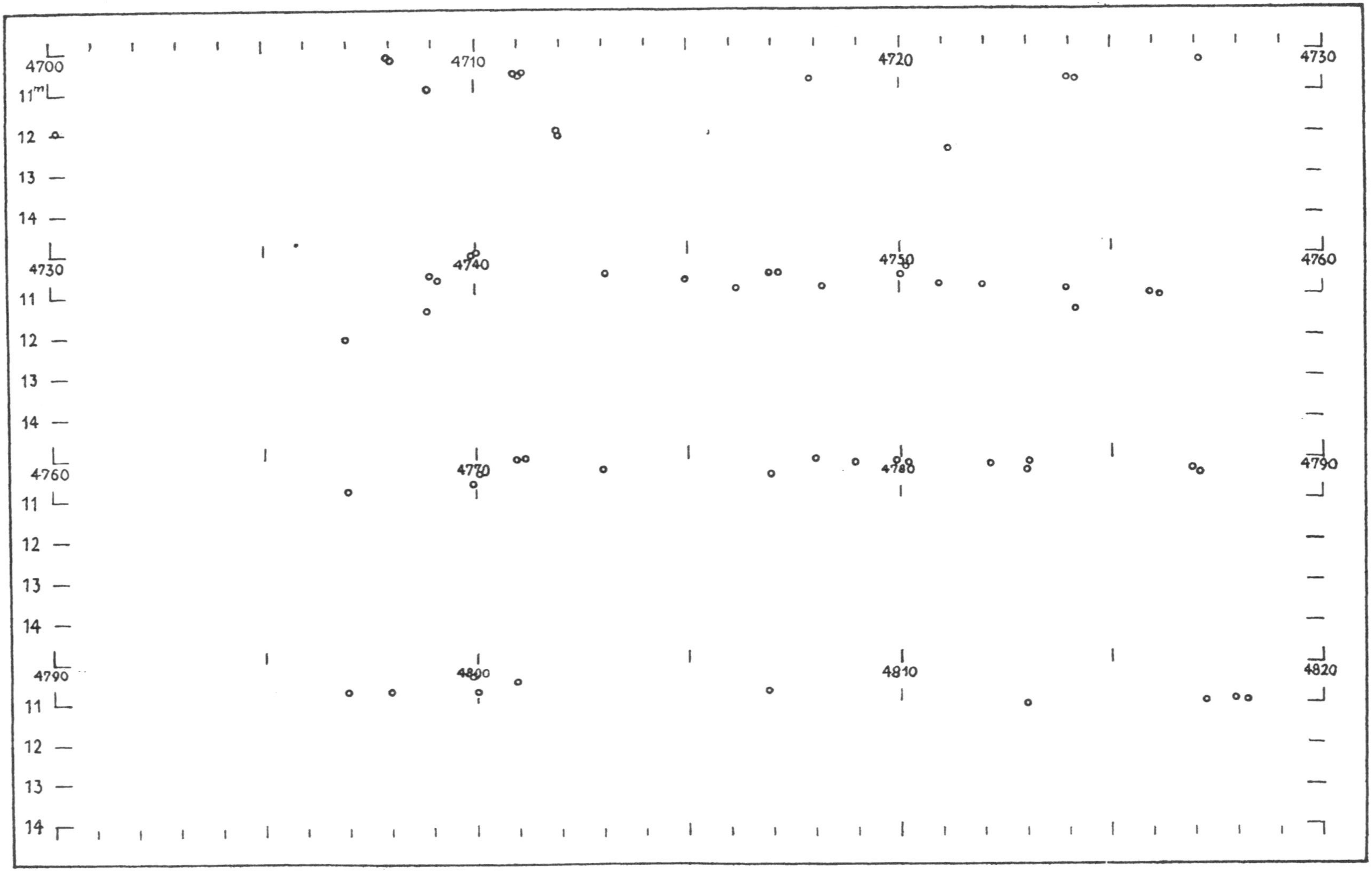

Tafel 5 T Chamaeleontis

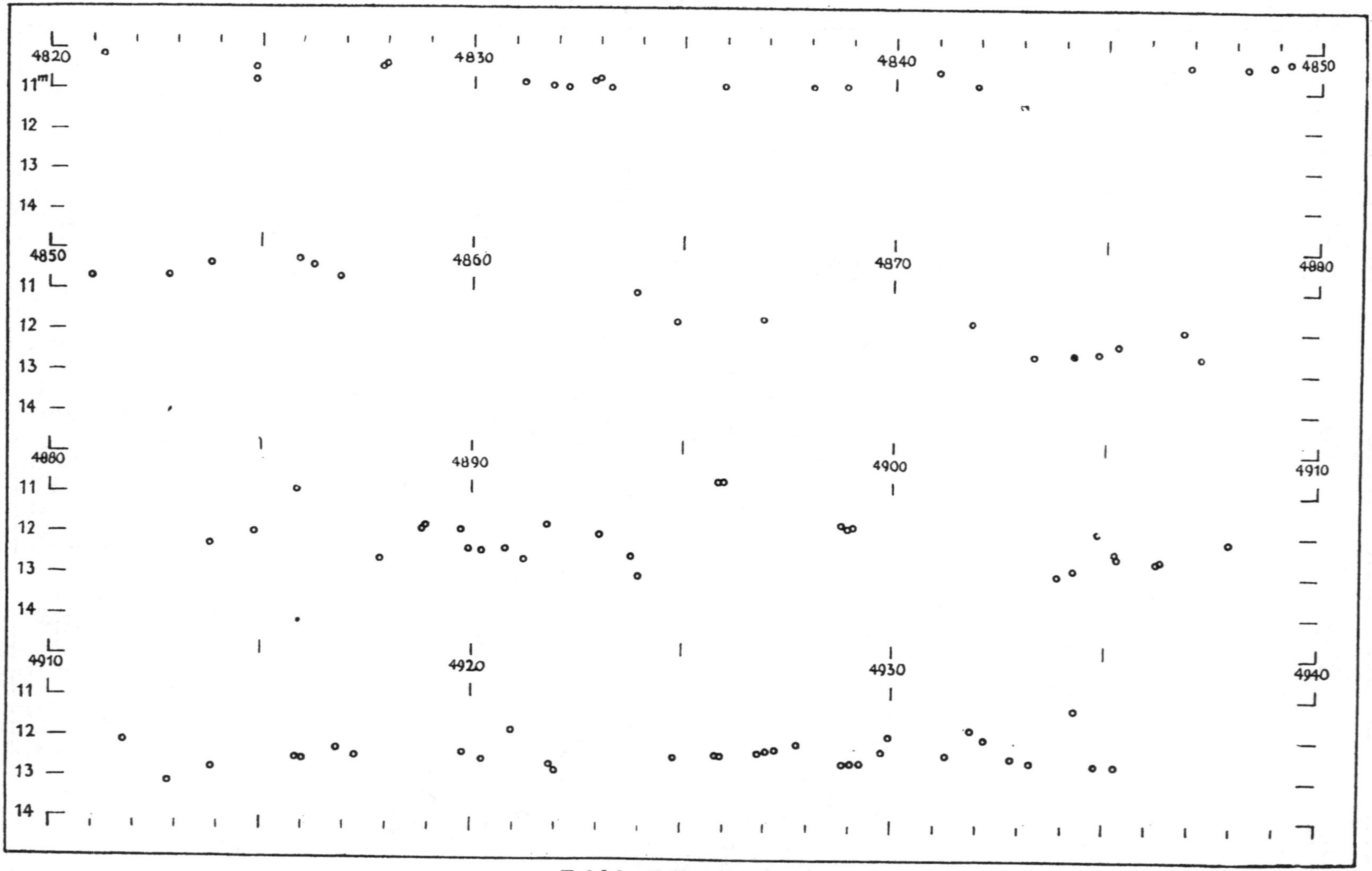

Tafel 6 T Chamaeleontis

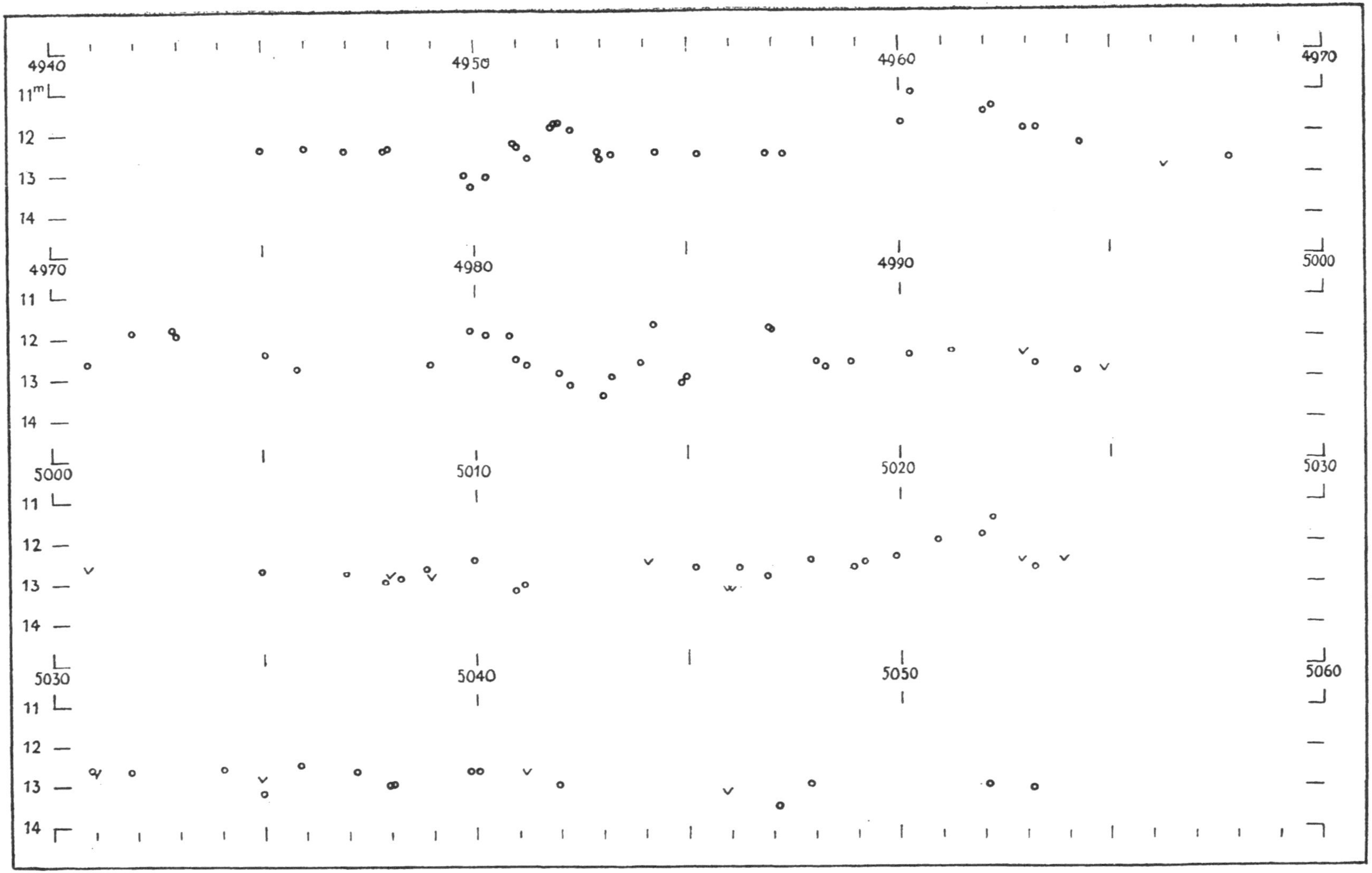

Tafel 7 T Chamaeleontis

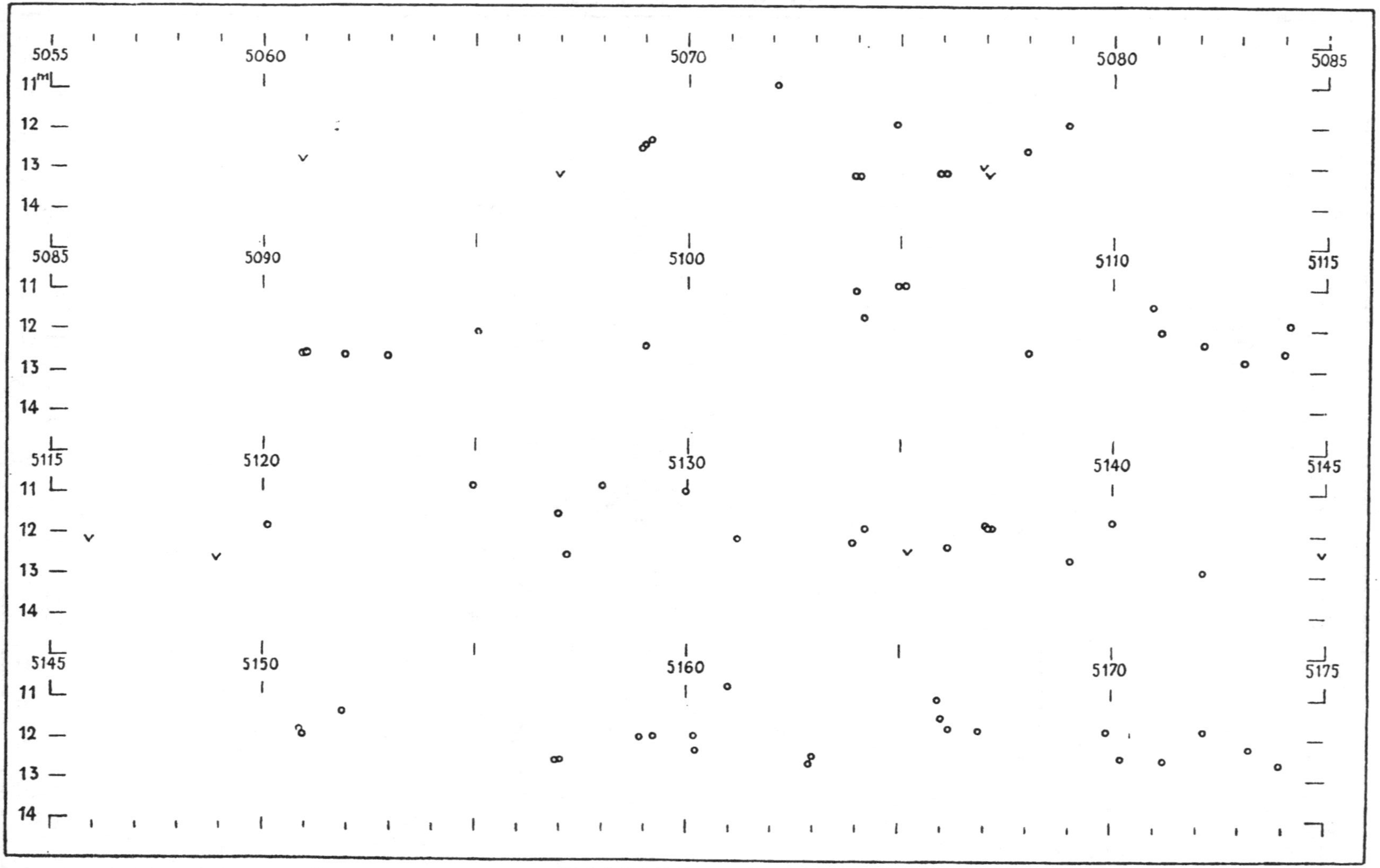

Tafel 8 T Chamaeleontis

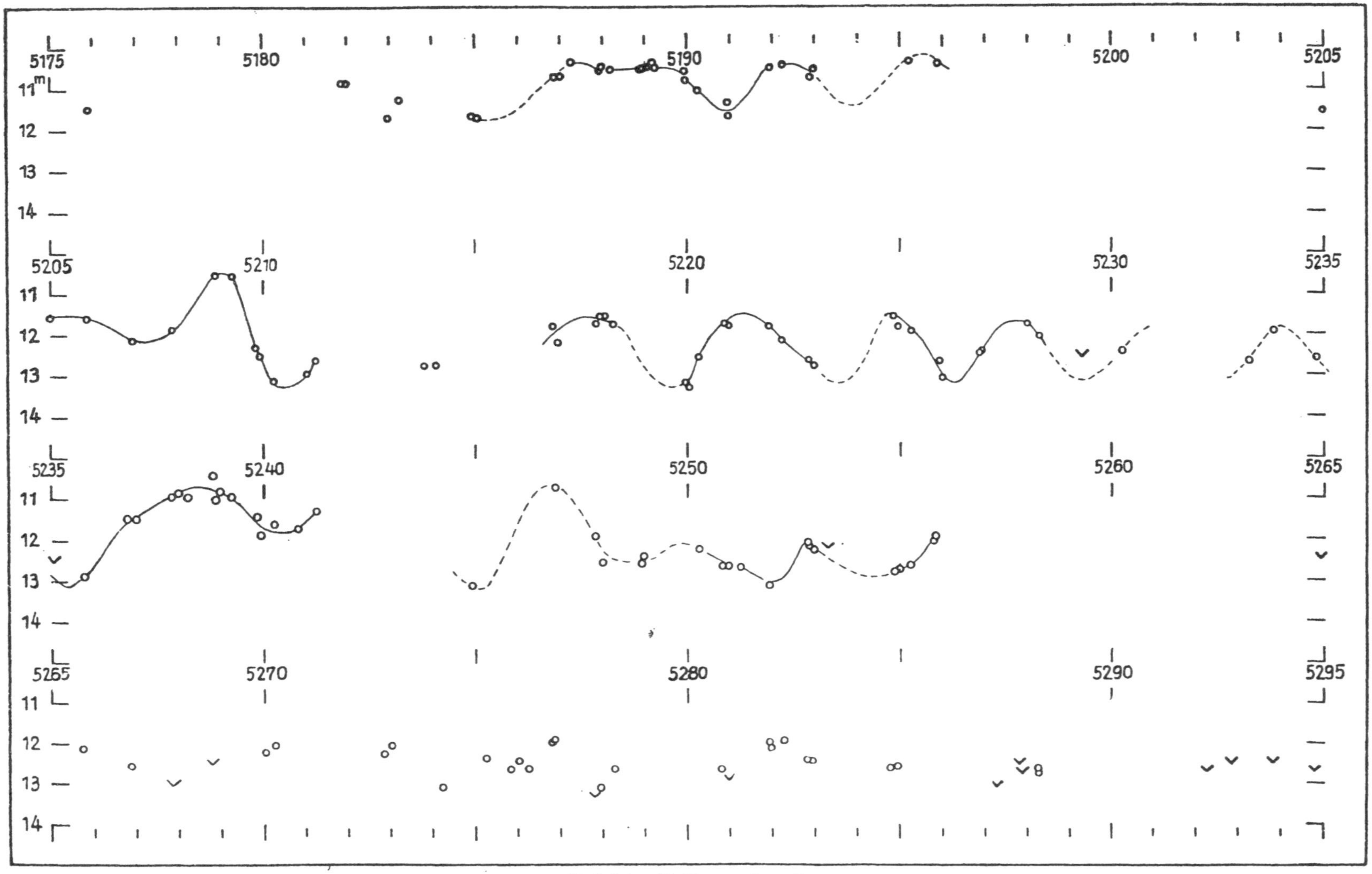

Tafel 9 T Chamaeleontis

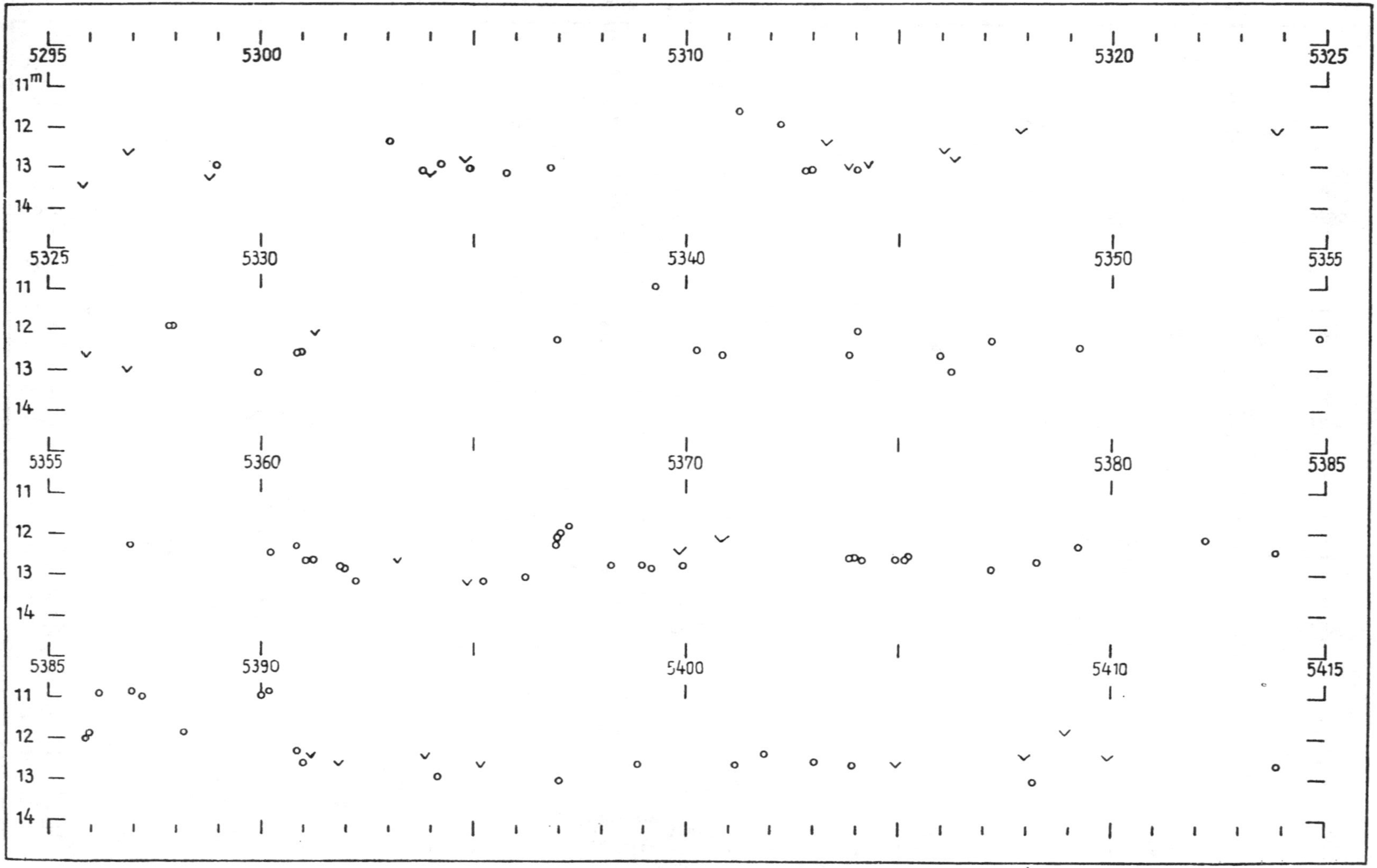

Tafel 10 T Chamaeleontis

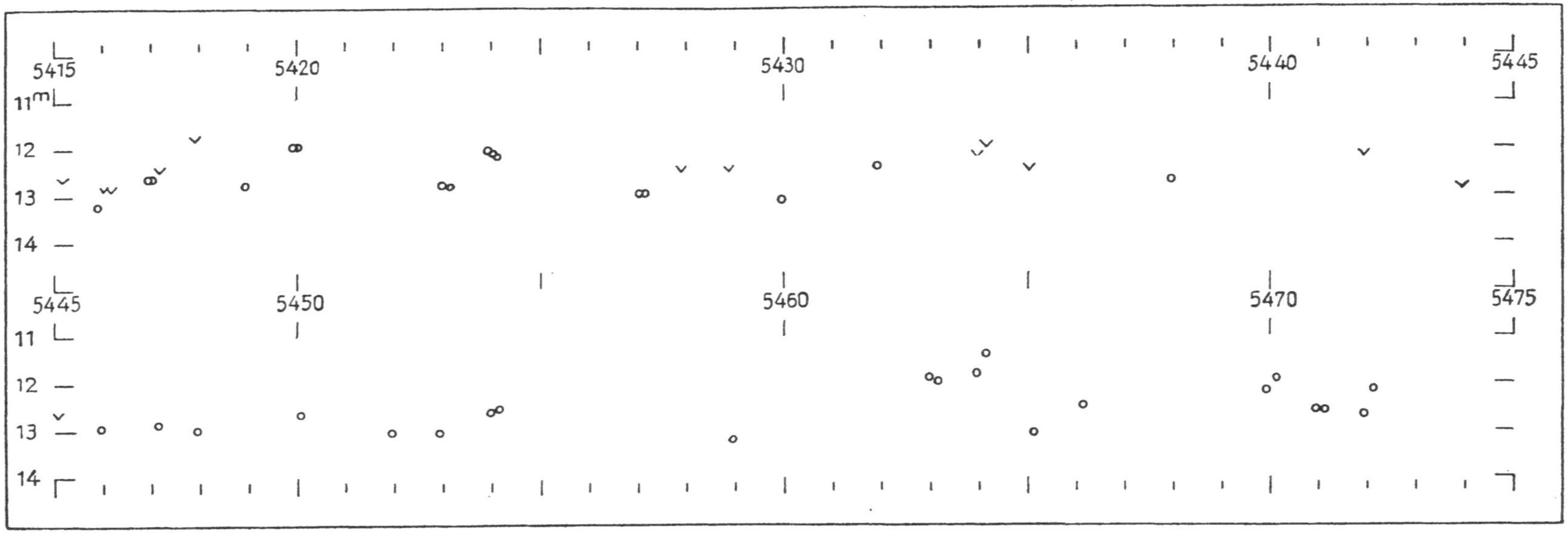

Tafel 11 T Chamaeleontis

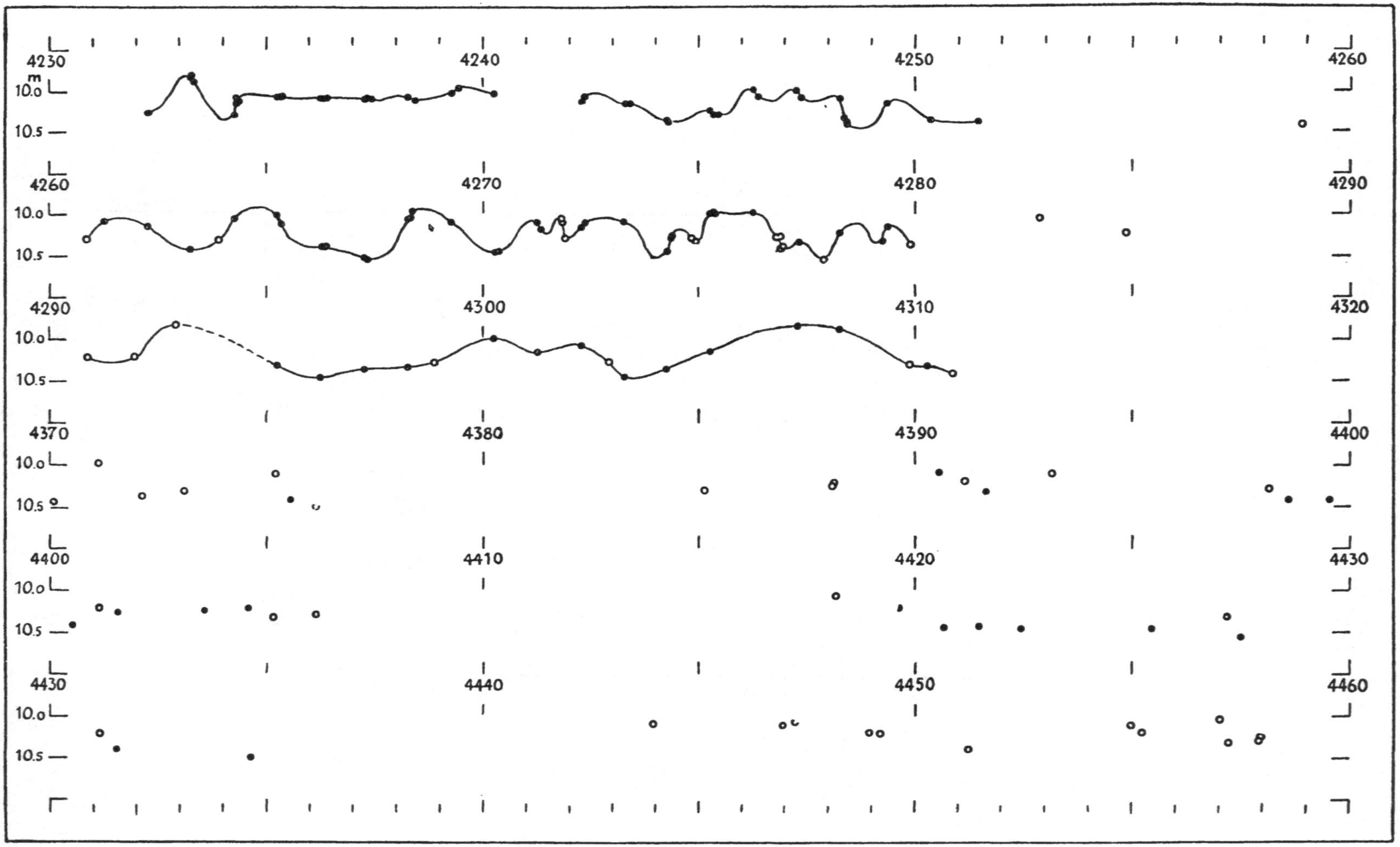

Tafel 12 RU Lupi

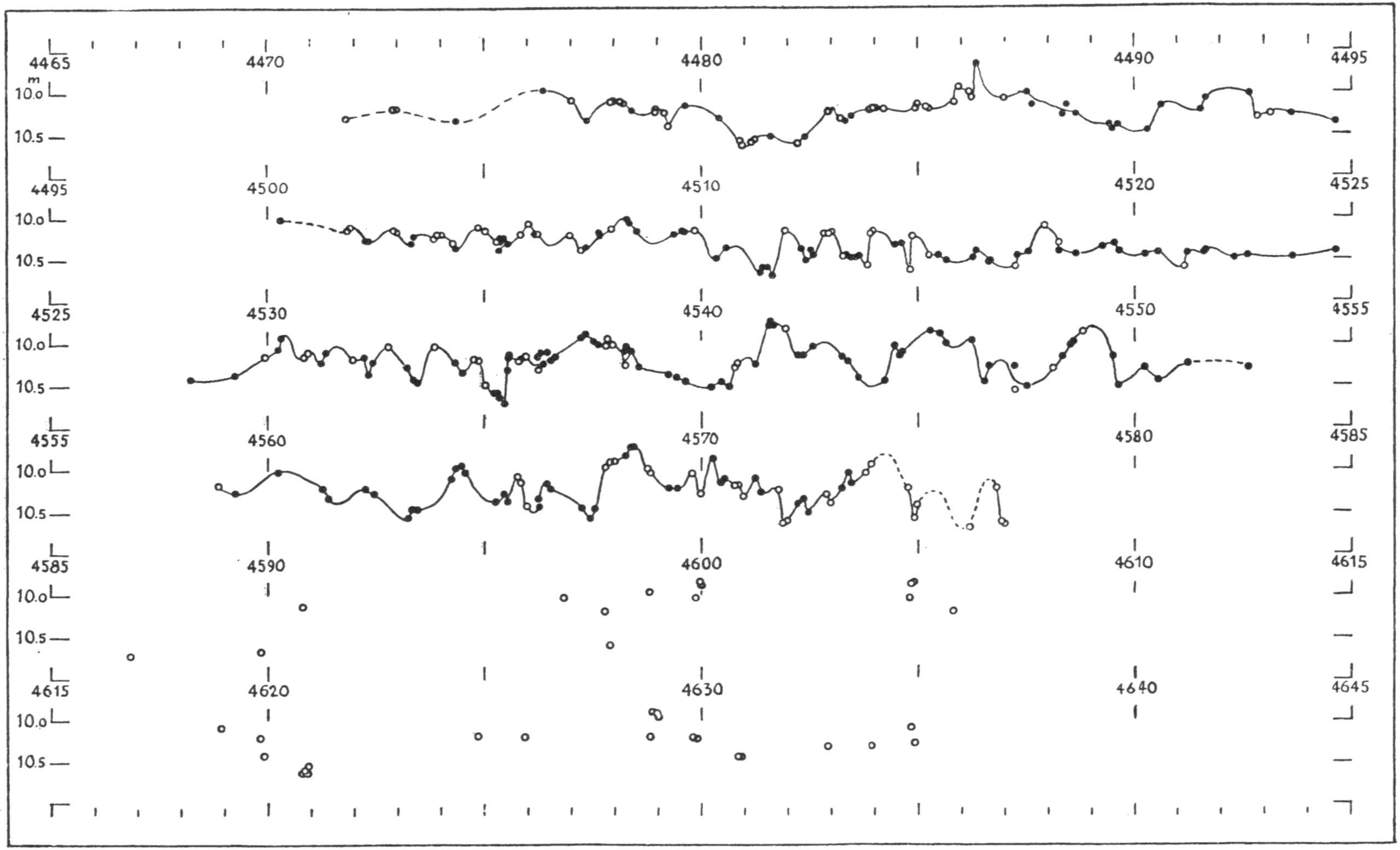

Tafel 13 RU Lupi

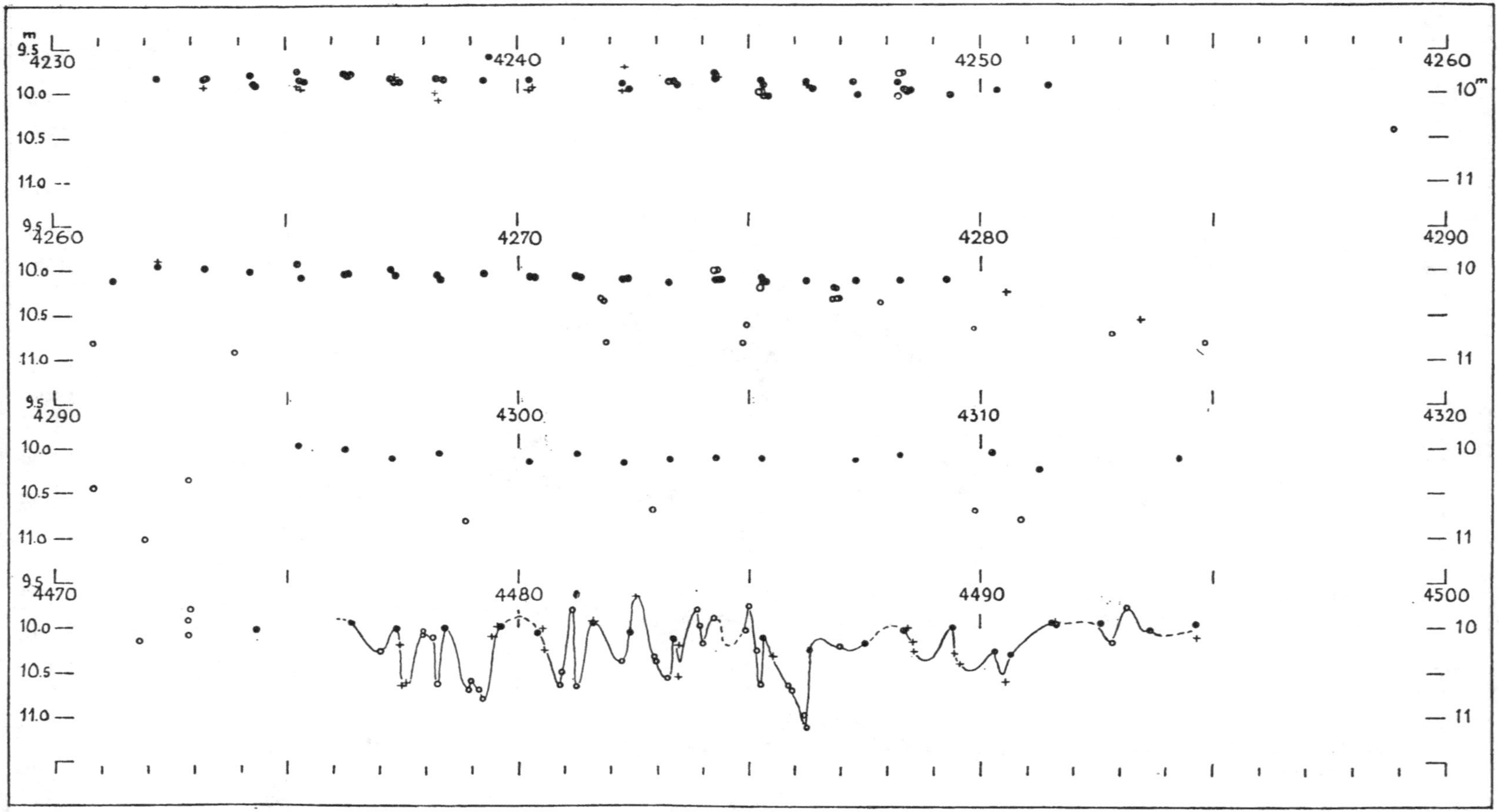

Tafel 14 RY Lupi

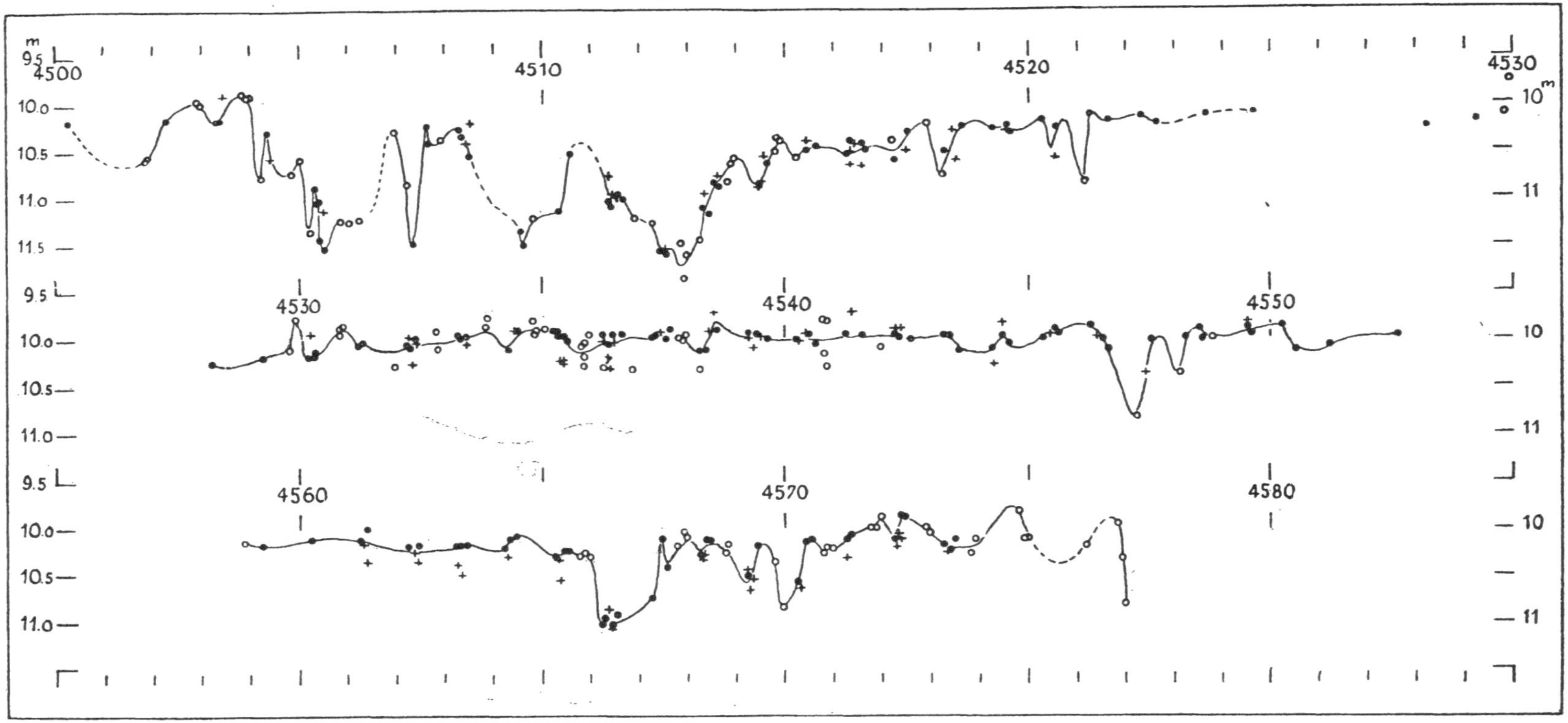

Tafel 15 RY Lupi

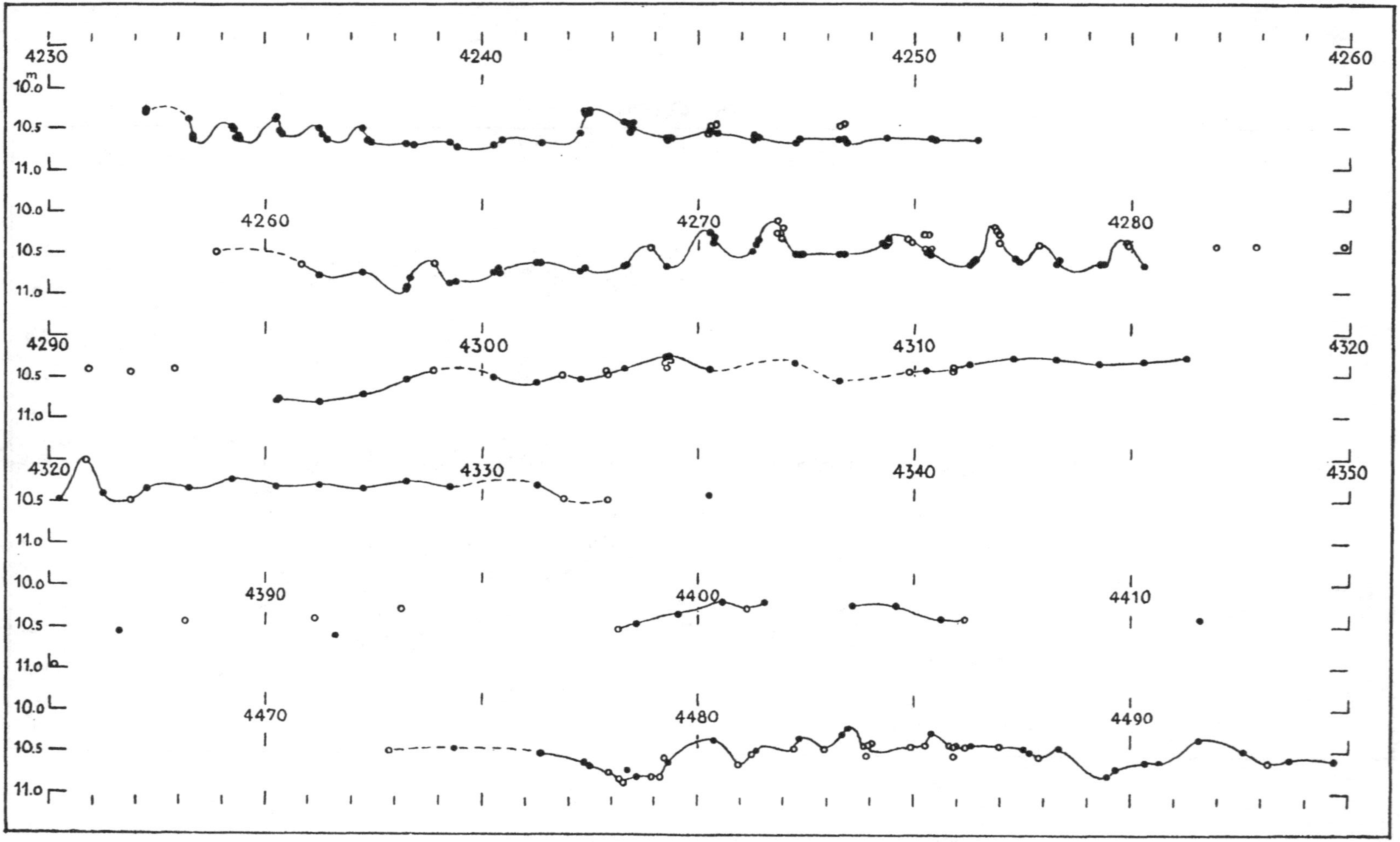

Tafel 16 AK Scorpii

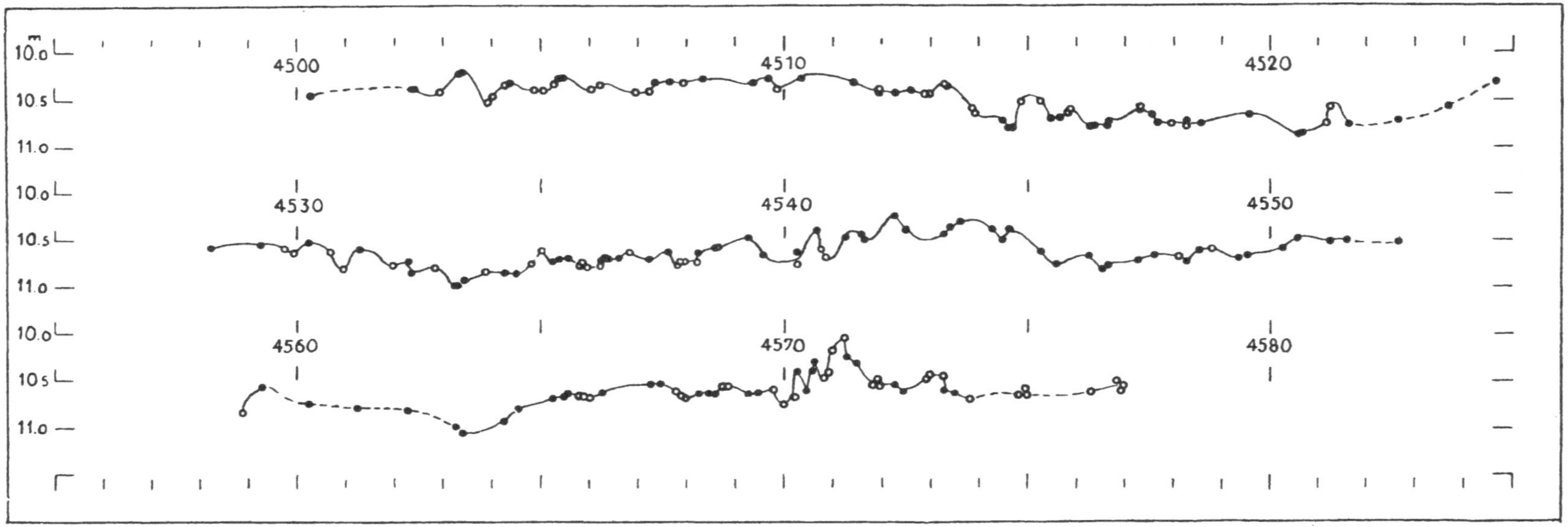

Tafel 17 AK Scorpii

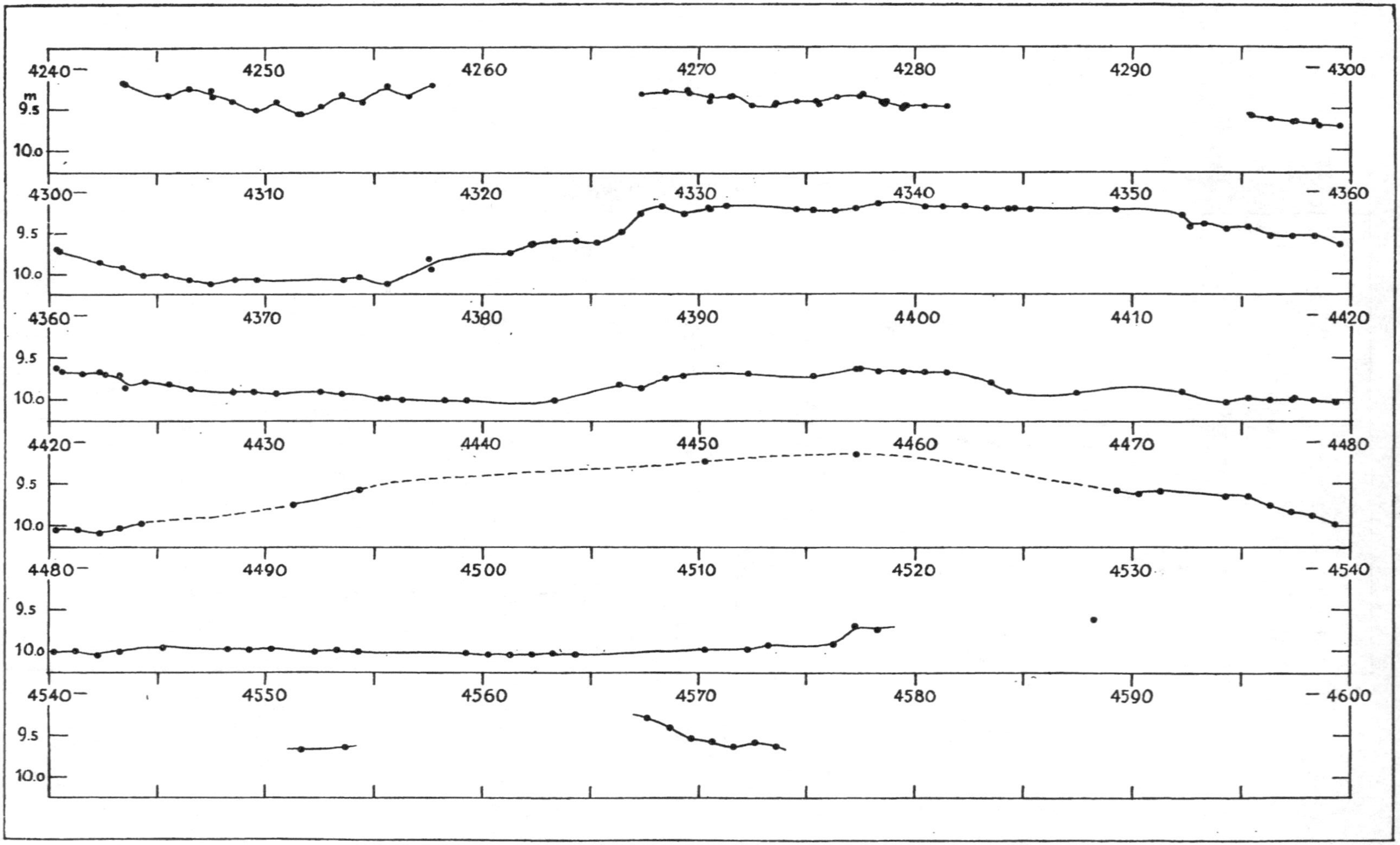

Tafel 18 Y Leporis

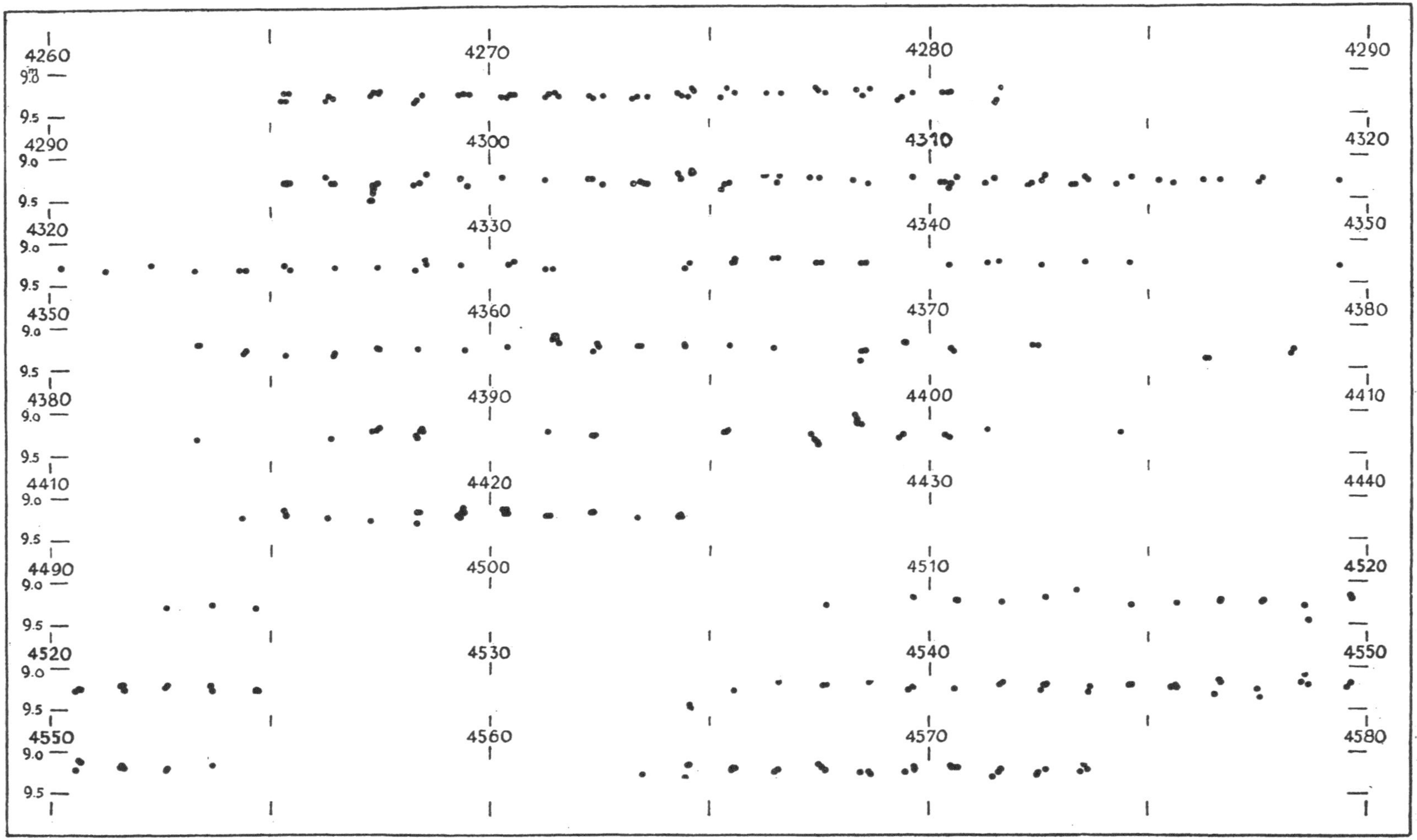

Tafel 19 S 4799 Phoenicis

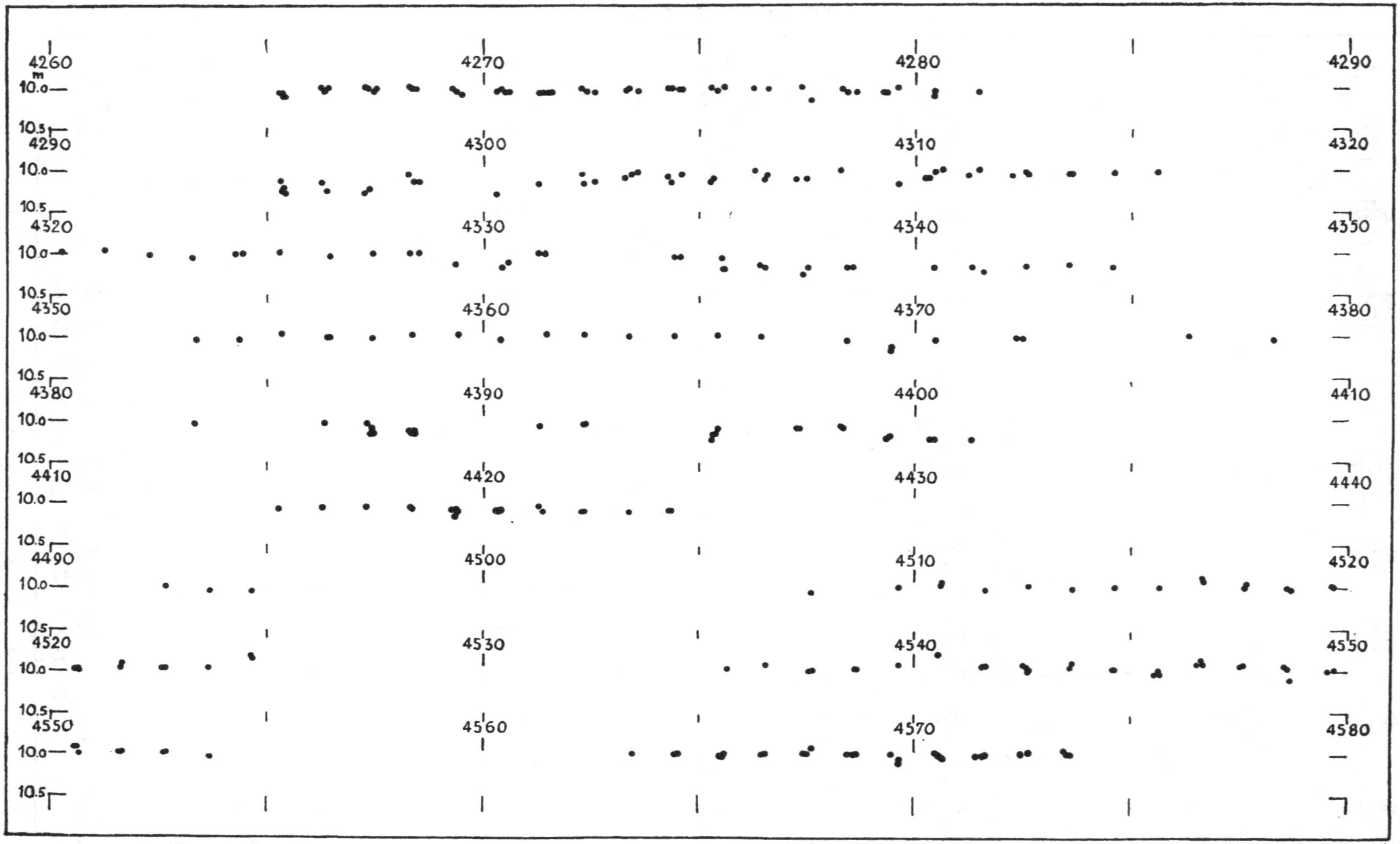

Tafel 20 S 4800 Phoenicis

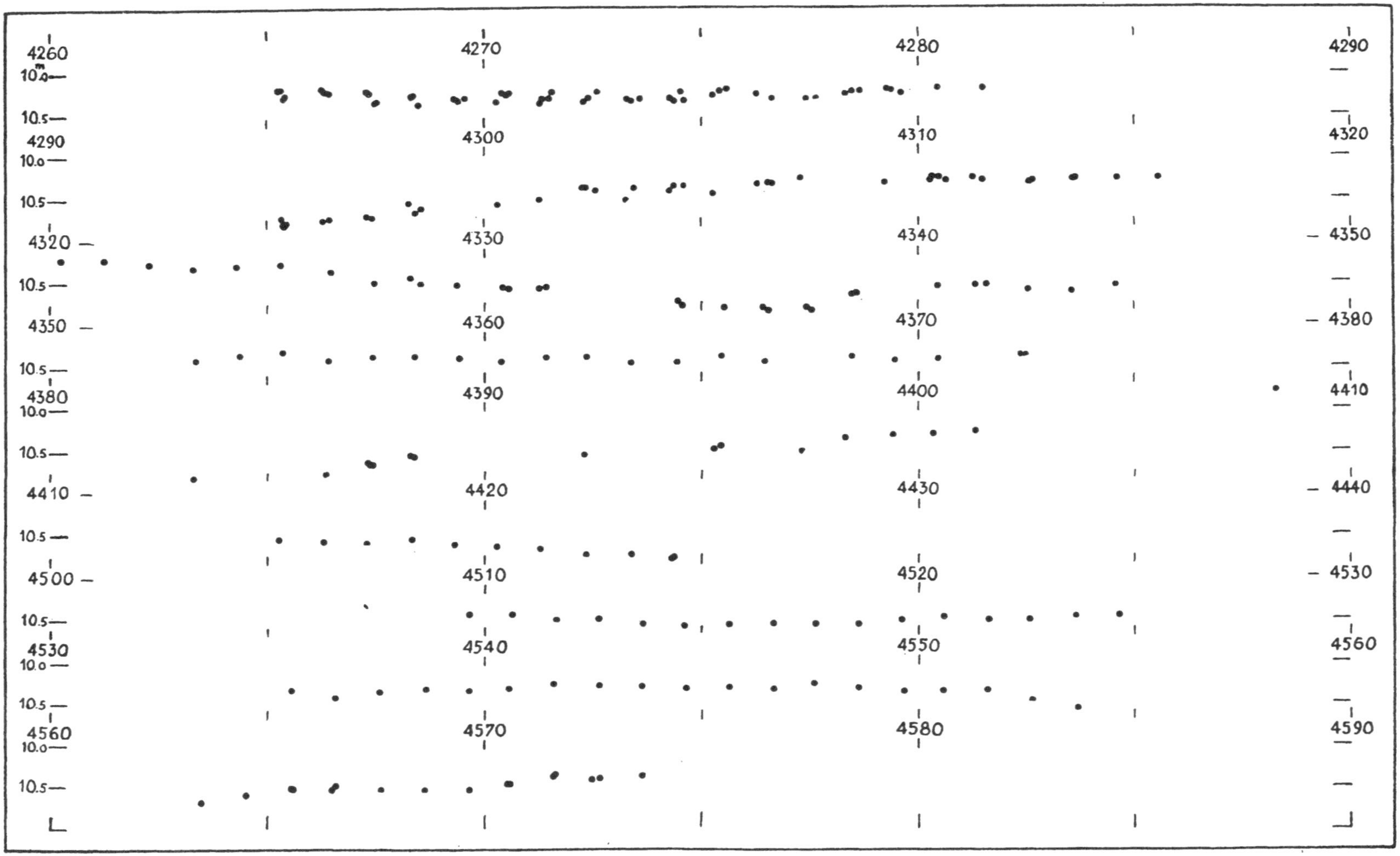

Tafel 21 S 4801 Phoenicis

II

Bearbeitung des Lichtwechsels von 10 südlichen veränderlichen Sternen

Die vorliegende Mitteilung ist eine Ergänzung zur Bearbeitung von 75 kurzperiodischen Veränderlichen in Band 3 Nr. 1. Die im folgenden behandelten 10 Sterne sind teils solche, die der Zugehörigkeit zum RW Aurigae-Typus verdächtig waren und daher bei der Bearbeitung kurzperiodischer Sterne nicht berücksichtigt wurden, teils solche, die nur deshalb mit beobachtet wurden, weil sie dicht bei Programmsternen stehen. Zwei Sterne erwiesen sich wider Erwarten als periodisch veränderlich: V 553 Cen als δ Cephei-Stern, S 4987 = V 636 Cen als Algolstern; mehrere Sterne sind schwierige Objekte, von denen man vermuten kann, daß sie dem RW Aurigae-Typus nahestehen (Kennzeichnung RWs). Die kleinen Amplituden erschweren in diesen Fällen die Aufklärung.

Die Bearbeitung der in Südwestafrika 1952—53 erhaltenen visuellen Beobachtungen südlicher Veränderlicher ist damit abgeschlossen.

Verzeichnis der Sterne und Übersicht der Ergebnisse

Name	1875.0 α	1875.0 δ	Art	Ph	Epoche 24....	Periode	Max.	Min.
GT Pup	$7^h10^m9^s$	$-37°50'.9$	mP	M	28725	92^d	$9^m.4$	$11^m.1$
S 4979 Hya	13 49 49	−26 32.4	U	—	—	—	10.1*	10.7*
S 4982 Cen	13 58 14	−30 48.1	U	—	—	—	10.5	10.9
S 4983 Cen	14 2 38	−30 2.1	U	—	—	—	11.0	11.5
V 636 Cen	14 8 46	−49 21.7	A	m	34540.340	4.28398	8.7	9.2
S 4989 Hya	14 9 12	−26 4.2	U	—	—	—	11.3	12.0
S 4993 Cen	14 22 49	−34 13.0	RWs?	—	—	—	11.9	12.7
S 4994 Cen	14 25 19	−33 0.1	δ_s	M	28865.2	11.65	11.0	11.4
V 553 Cen	14 39 2	−31 39.1	δ	M	34235.65	2.06119	8.3	8.6
S 5150 Gru	22 39 58	−43 24.3	RWs	—	—	—	12.3	12.9

* photographisch; die anderen Größenangaben visuell.

Synonyma

GT Pup = S 4874

V 636 Cen = S 4987

S 4874 = GT Pup Mittellange Periode; $9^m.4$—$11^m.1$ vis.

Die photographischen Beobachtungen von 1937—38 ergaben die Maxima 242 8725:, 8816, 8909 bei der Amplitude $11^m.0$–$12^m.6$ phg und damit genäherte Elemente

$$M = 242\,8725 + 92 \cdot E.$$

Die visuelle Überwachung des Sterns 1952—53 zeigte einen ziemlich steilen Aufstieg von 243 4356 bis 4390, sodann ein sehr flaches Maximum 4405 $9^m.5$ mit nachfolgendem Abfall um nur $0^m.2$ bis 4434, von 4469 ab Aufstieg um $0^m.3$ zum flachen

Maximum 4505 $9^{\mathrm{m}}4$ und Abstieg auf $10^{\mathrm{m}}4$ bis 4561. Die Differenz beider Maxima von 100^{d} ist angesichts der Unbestimmtheit der Maxima als Bestätigung der früher beobachteten Periode anzusehen. Der Stern ist rot.

S 4979 Hya Langsamer Lichtwechsel; $10^{\mathrm{m}}1$–$10^{\mathrm{m}}7$ phg.

Sowohl photographische als visuelle Beobachtungen ergeben lange flache Wellen. wobei der visuelle Bereich des Lichtwechsels nur $9^{\mathrm{m}}5$ bis $9^{\mathrm{m}}9$ ist. Die Kürze der Beobachtungszeit läßt keine Entscheidung zu, ob der Lichtwechsel unperiodisch ist oder ob eine angedeutete Periodizität von etwa 90^{d} mehr als eine vorübergehende Erscheinung ist. Ein flaches Maximum ist bei 243 4520 gesichert. Der Stern ist rötlich.

S 4982 Cen Unregelmäßig; $10^{\mathrm{m}}5$–$10^{\mathrm{m}}9$ vis.

Ein Maximum wurde bei 243 4485, ein Minimum bei 4515 durchlaufen. Der Stern verblieb dann von etwa 4530 bis zum Ende der Beobachtungszeit bei 4573 fast ohne Änderung in der Helligkeit $10^{\mathrm{m}}60$ bis $10^{\mathrm{m}}70$. Auf Blauplatten ist er schwächer als visuell; die Lichtänderungen erfolgen etwa zwischen $11^{\mathrm{m}}5$ und $12^{\mathrm{m}}1$. Isochrom-Platten zeigen ihn etwa $0^{\mathrm{m}}5$ schwächer als die visuellen Beobachtungen, panchromatische Platten in nahezu derselben Helligkeit wie diese. Der Veränderliche ist wahrscheinlich als μ Cephei-Stern anzusprechen.

S 4983 Cen Unregelmäßig; $11^{\mathrm{m}}0$—$11^{\mathrm{m}}5$ vis.

Photographische Beobachtungen von 243 4238 bis 4242 zeigen den Stern nahe $11^{\mathrm{m}}2$; ein Abstieg ist von 4366 $11^{\mathrm{m}}4$ bis 4419 $12^{\mathrm{m}}0$ durch 6 Platten belegt. Eine einzelne visuelle Beobachtung bei 4431 ergibt $11^{\mathrm{m}}35$. Die ständige visuelle Überwachung von 4474 ab zeigt Stillstand bei $11^{\mathrm{m}}15$ mit einer auch photographisch belegten flachen Welle bei 4490 $10^{\mathrm{m}}95$. Dann setzt ein sehr langsamer Abstieg ein, der bei etwa 4542 in konstantes Licht $11^{\mathrm{m}}5$ vis. übergeht; dieses wird bis zum Ende der Reihe bei 4573 eingehalten. Der Stern dürfte nur schwach rötlich sein.

S 4987 = V 636 Cen Algolstern; $8^{\mathrm{m}}7$—$9^{\mathrm{m}}2$ vis.

Der Stern erwies sich als sehr schwierig wegen kleiner Amplitude und Seltenheit der Minima. Es liegen 276 visuelle Beobachtungen von 1952—53 und 283 photographische Beobachtungen vor, letztere für die Zeiten 1935—38 und 1952—53. Ein visuell beobachtetes Minimum 243 4540 wurde in etwas weniger als 4 Stunden durchlaufen, dennoch erwies sich die Periode als relativ lang. Die photographische Amplitude scheint etwas größer zu sein als die visuelle. Das Spektrum des Sterns ist G0.

$$m = 243\,4540.340 + 4.28398 \cdot E$$
$$D = 3^{\mathrm{h}}7 \quad d = 0^{\mathrm{h}}0 \quad D:P = 1:25$$
$$A_1 = 0^{\mathrm{m}}5 \text{ vis.} \quad A_2 = 0^{\mathrm{m}}1 \text{ vis.}$$

Min.	E	B–R
242 7977.317	−1532	+0.034
8658.405	1373	−0.030
8688.414	1366	−0.026
243 4480.390	14	+0.009
4510.323	− 7	−0.029
4540.340	0	0.000
4570.300	+ 7	−0.028

Das letzte Minimum ist nicht direkt beobachtet. Es liegen 2 visuelle Beobachtungen im Normallicht bei .243 und .376 vor, zwischen die das Minimum gerade paßt, und eine photographische Beobachtung .256, die den Stern gering geschwächt zeigt.

S 4989 Hya Unregelmäßig; $11^{m}.3$—$12^{m}.0$ vis.

Der Veränderliche ist nicht merklich gefärbt, die Amplitude photographisch nicht größer als visuell. Der Lichtwechsel verläuft in flachen Wellen von 20^{d} und länger, doch war der Stern von 243 4499 bis 4537 im Stillstand bei $11^{m}.9$. Maxima sind beobachtet bei 243 4483, 4549 und 4570. Bei 4482.5 ist ein Abstieg um $0^{m}.3$ in $0^{d}.27$ angedeutet als eine dem Maximum überlagerte sekundäre Welle. Im Aufstieg werden Änderungen von $0^{m}.25$ in 1^{d} erreicht. Der atypische Lichtwechsel erlaubt keine genauere Zuordnung; der Stern könnte dem RW Aurigae-Typus nahestehen.

S 4993 Cen Raschwechselnd; $11^{m}.9$—$12^{m}.7$ vis.

Der Stern wurde erst ganz am Ende der Beobachtungszeit auf das Programm gesetzt. Es liegen 24 visuelle Beobachtungen von den 11 Tagen 243 4563 bis 4573 vor. Die Beobachtung eines Abstiegs 4567.347 $11^{m}.98$ bis 4567.476 $12^{m}.62$ schien auf RR Lyrae-Art hinzuweisen. Doch widersprechen die photographischen Beobachtungen dieser Annahme, da sie den Stern zu selten schwach und zu oft in mittlerer Helligkeit zeigen. Die raschen Lichtänderungen sind auch durch die Platten belegt. Die größere Wahrscheinlichkeit besteht daher für RW Aurigae-artigen Lichtwechsel, ohne daß jedoch der Beweis erbracht werden konnte.

S 4994 Cen δ Cephei-ähnlich; $11^{m}.0$—$11^{m}.4$ vis.

Die 24 visuellen Beobachtungen von 243 4563 bis 4573 lassen keine Entscheidung darüber zu, ob der Stern eine Periode von etwa 10^{d} einhält oder sein Licht im wesentlichen unperiodisch ändert. Durch Heranziehung der photographischen Beobachtungen 1937—38 und 1952—53 wurden insgesamt folgende Epochen bestimmt:

Maxima		Minima	
242 8665	243 4478	242 8660	243 4484
8689	4489	8672	4493
8700	4503	8683	4507
8723	4549	8694	4541
8747	4566:	8719	4563
8782:	4574:	8741	4571

Die Beobachtungen von 1937—38 werden gut dargestellt durch die Formel

$$M = 242\,8865.2 + 11.65 \cdot E$$

Auch die Reihe von 1952—53 läßt eine Periode von dieser Länge erkennen. Doch sind die Abweichungen immerhin so groß, daß es nicht erlaubt scheint, δ Cephei-Art anzunehmen. Die Minima sind deutlicher ausgeprägt als die Maxima; letztere sind oft lang und flach. Von 243 4530 bis 4540 war der Stern fast im Stillstand, und an der Stelle des bei 4561—62 zu erwartenden größten Lichtes war eher ein Minimum vor dem bei 4566 beobachteten verspäteten Maximum. Dagegen würde das Maximum 4574 wieder zu der Periode passen. Der Stern scheint gelb zu sein. Die photographische Amplitude war 1937—38 $11^m.5$—$12^m.3$, 1952—53 $11^m.4$—$12^m.0$. Man kann vermuten, daß der Stern ein Hauptreihen-Veränderlicher der EM Cygni-Gruppe ist (vgl. dieses Heft S. 350).

V 553 Cen δ Cephei-Stern; $8^m.3$—$8^m.6$ vis.

$M = 243\,4235.65 + 2.06119 \cdot E$

$M - m = 0^d.85$

Max.	E	$B-R$
243 4235.75	0	+0.10
4239.81	2	+0.04
4245.85	5	−0.11
4247.86	6	−0.16
4264.65	14	+0.14
4272.79	18	+0.04
4276.85	20	−0.02
4400.40	80	−0.15
4404.37	82	−0.30
4421.05	90	−0.11
4476.85	117	+0.04
4480.98	119	+0.05
4482.95	120	−0.04
4491.08	124	−0.16
4503.78	130	−0.18
4507.65	132	−0.08
4511.95	134	+0.10
4516.03	136	+0.06
4520.12	138	+0.03
4532.65	144	+0.19
4536.83	146	+0.25
4544.95	150	+0.12
4549.04	152	+0.09
4565.60	160	+0.16
4571.75	163	+0.13
4724.11	237	−0.04
4975.87	359	+0.25
5156.98	447	−0.02
5173.19	455	−0.30
5220.91	478	+0.01

(Vgl. ApJ 125.824, 1957)

S 5150 Gru Raschwechselnd-unperiodisch; $12^m.3$—$12^m.9$ vis.

Der Stern zeigt innerhalb der Zeit der visuellen Beobachtungen raschen Lichtwechsel, manchmal bis $0^m.3$ in 30 Minuten, manchmal nur geringe Änderungen während mehrerer Stunden. Überlagert ist eine lange Welle. Folgende Tabelle gibt die Verteilung der Beobachtungen nach Helligkeit in 6 Zeitabschnitten und die Mittelwerte der Helligkeit.

	4356 bis 4368	4387 bis 4419	4482 bis 4494	4507 bis 4524	4534 bis 4553	4561 bis 4573
12.25 — .29	1	0	0	0	0	0
.30 — .34	0	0	0	0	0	0
.35 — .39	3	0	0	3	0	0
.40 — .44	1	0	0	1	0	1
.45 — .49	8	2	2	15	0	8
.50 — .54	7	2	6	15	1	10
.55 — .59	2	1	6	3	0	13
.60 — .64	4	0	1	7	11	9
.65 — .69	1	0	0	1	8	3
.70 — .74	0	0	0	0	0	0
.75 — .79	4	2	0	1	14	2
.80 — .84	1	1	1	0	10	0
.85 — .89	0	1	0	1	5	0
.90 — .94	0	0	2	0	2	0
12.95 — .99	0	0	0	0	0	0
Mittel	12.54	12.63	12.60	12.52	12.74	12.56
Anzahl	32	9	18	47	51	46

Der Veränderliche dürfte dem RW Aurigae-Typus nahestehen. Die von Herrn TH. SIEDEL durchgeführte Bearbeitung des photographischen Materials ergab eine quasiperiodische Welle von etwa 103^d, die sowohl 1935 bis 1938 als auch 1952—53 auftrat (Mitt. Veränderl. Sterne 336, 1957).

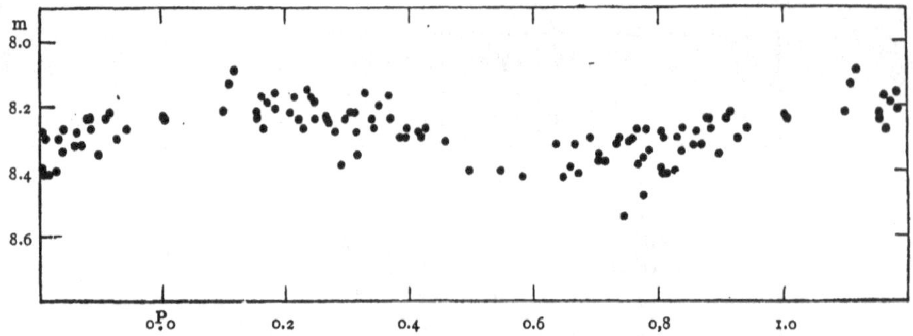

V 553 Cen Vis. Beob. 243 4234—4307

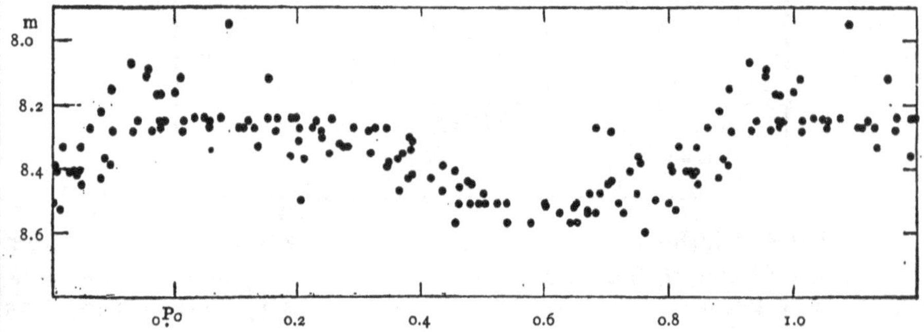

V 553 Cen Vis. Beob. 243 4391—4513

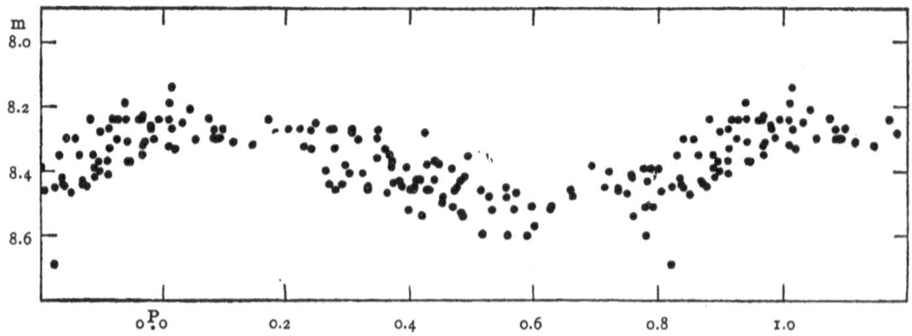

V 553 Cen Vis. Beob. 243 4514—4573

Der Wert $8^{m}.69$ ist bei der Beobachtung als sicher bezeichnet

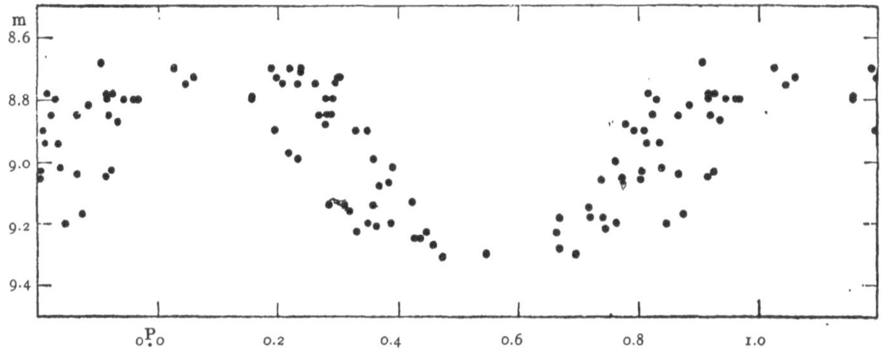

V 553 Cen phot Beob. auf Blauplatten

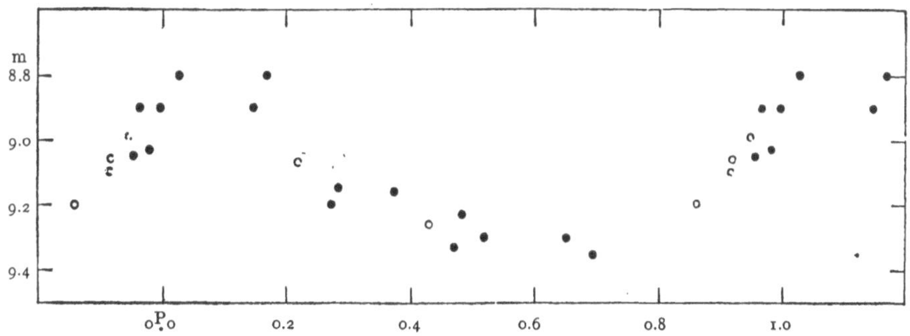

V 553 Cen

Phot. Beob. auf Agfa Isochrom ○ u. Agfa Astro panchr. ●

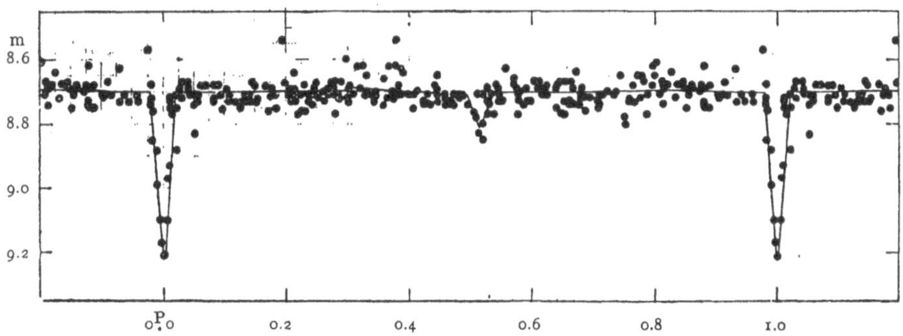

S 4987 = V 636 Cen

FSC
www.fsc.org
MIX
Papier | Fördert gute Waldnutzung
FSC® C083411

Zeitfracht Medien GmbH
Ferdinand-Jühlke-Straße 7
99095 Erfurt, Deutschland
produktsicherheit@kolibri360.de